Zu diesem Buch

Dieses Skriptum enthält - nach Stoffgebieten geordnet - Beispiele und Übungsaufgaben aus der Regelungstechnik. Es ist als Ergänzung zum Skriptum "Regelungstechnik", das vom gleichen Verfasser in dieser Reihe (Band 57) erschienen ist, gedacht. Das Buch wendet sich vorzugsweise an Studenten der Elektrotechnik.

Die Kenntnis mathematischer und elektrotechnischer Grundlagen wird vorausgesetzt, wie sie in der Regel für die Vorprüfung erforderlich sind. Für das Selbststudium wird Band 7 dieser Reihe (P. Vaske, Übertragungsverhalten elektrischer Netzwerke) sowie Band 57 (T. Ebel, Regelungstechnik) empfohlen. Das Buch eignet sich auch für Elektroingenieure in der Praxis, die ihre theoretischen Kenntnisse vertiefen wollen.

# Beispiele und Aufgaben zur Regelungstechnik

Von Dipl.-Phys. T. Ebel

Dozent an der
Fachhochschule Hamburg

unter Mitwirkung von
Dr.-Ing. A. Böttiger und
Dipl.-Ing. M. Otto

Dozenten an der
Fachhochschule Hamburg

1974. Mit 122 Bildern,
21 Beispielen, 54 Aufgaben
mit Lösungen

B. G. Teubner Stuttgart

Dozentin Dr. Anneliese Böttiger

1936 in Berlin geboren. 1958 bis 1963 Studium der Elektrotechnik und Regelungstechnik an der Technischen Hochschule Darmstadt. 1964 bis 1968 Dozentin an der School of Electrical Engineering der Purdue University, Lafayette, Indiana (USA). 1965 Master of Science in Electrical Engineering. 1968 Doctor of Philosophy in Electrical Engineering. 1968 bis 1971 Entwicklungsingenieur bei der Dornier G.m.b.H. Friedrichshafen. Seit 1971 Dozentin an der Fachhochschule Hamburg.

Dozent Dipl.-Phys. Tjark Ebel

1927 in Hamburg geboren. 1947 bis 1952 Physikstudium an der Universität Hamburg. 1953 bis 1958 Entwicklungsingenieur bei Siemens und Halske in München und bei LM Ericsson in Darmstadt. Seit 1958 Dozent an der Fachhochschule Hamburg.

Dozent Dipl.-Ing. Michael Otto

1933 in Berlin geboren. 1953 bis 1959 Studium der Starkstromtechnik und Regelungstechnik an der Technischen Hochschule Braunschweig und der Technischen Universität Berlin. 1960 bis 1967 Projektierungsingenieur für Lageregelungen und -stabilisierungen auf Schiffen bei der AEG in Hamburg. Seit 1968 Dozent an der Fachhochschule Hamburg.

ISBN 3-519-00070-9


Printed in Germany
Druck: Julius Beltz, Hemsbach
Umschlaggestaltung: W.Koch, Sindelfingen

## Vorwort

Das vorliegende Skriptum enthält ausgewählte Beispiele und Aufgaben aus der Regelungstechnik. Es dient zur Ergänzung und Vertiefung des in Band 57 dieser Reihe (T. Ebel: Regelungstechnik) enthaltenen Lehrstoffes. Vorausgesetzt werden Grundkenntnisse in der Elektrotechnik (Schaltungstechnik, Ortskurven, Anfangskenntnisse über elektrische Maschinen und Verstärker), ferner sollte Band 7 dieser Reihe (P. Vaske: Das Übertragungsverhalten elektrischer Netzwerke) bekannt sein.

Die Theorie der Laplace-Transformation sollte dem Leser vertraut sein. (Korrespondenztabellen finden sich in den genannten Bänden.) Für die komplexe Kreisfrequenz wird das Formelzeichen $s$ benutzt. (Das Zeichen $p$ hat in der einschlägigen Literatur nicht überall die gleiche Bedeutung.) Um Verwechselungen zu vermeiden, wird die Zeiteinheit Sekunde mit sec bezeichnet.

Beispiele und Aufgaben sind so gewählt, daß sie für den Lernenden durchschaubar sind. (Aus diesem Grunde werden in vielen Fällen nur Teilaspekte von Regelungen behandelt.) Nach Durcharbeiten der Beispiele sollte der Leser die Aufgaben selbstständig lösen. Um eine Kontrolle zu ermöglichen, sind im Lösungsteil bei einfachen Aufgaben die Ergebnisse, bei schwierigeren Aufgaben auch die Lösungswege angegeben.

Symbole und Formelzeichen richten sich in erster Linie nach DIN 19226. (Ausnahme: Als Zeichen für den Regelfaktor wird das kleine $r$ verwendet, um Verwechselungen mit dem Wirkwiderstand $R$ zu vermeiden.)

Alle Gleichungen sind Größengleichungen. Die Bezeichnungen der Einheiten richten sich nach dem Gesetz über Einheiten im Meßwesen vom 2. 7. 1969. Soweit möglich, werden für zeitabhängige Größen kleine und für Konstanten große Buchstaben verwendet (ausgenommen, wenn für Klein- und Großbuchstaben verschiedene Bedeutungen festgelegt sind). Um Zahlenwerte der linearen und der logarithmischen (Dezibel-) Skala in Beziehung zu setzen, werden die Zeichen $\hat{=}$ (entsprechend), $\hat{\leqq}$ (kleiner oder gleich entsprechend) und $\hat{\geqq}$ (größer oder gleich entsprechend) benutzt. In allen elektrischen Schaltungen wird das Verbraucher-Zählpfeil-System verwendet.

Aus technischen Gründen lassen sich die Bode-Diagramme nur mit geringer Genauigkeit wiedergeben. Dem Leser sei daher empfohlen, die Kurven auf sog. halblogarithmischem Papier (Teilung der Abszissenachse in 4 Dekaden) nachzuzeichnen. Die aus den Diagrammen ermittelten Werte sind mit höherer Genauigkeit angegeben, als der Darstellung im Buch entspricht.

Für die Unterstützung bei der Herstellung der Diagramme danken wir Herrn Ing. (grad.) C. Fröhlich (FH Hamburg).

Hamburg, im Juni 1974 Die Verfasser

Inhalt

# 1. Analyse von Übertragungsgliedern

Hinweis zu den Beispielen und Aufgaben dieses Abschnitts :

Enthält ein Übertragungsglied mehrere gleichartige Bauelemente, sind diese nicht mit Indices (z.B. $R_1$, $R_2$) bezeichnet, sondern durch Faktoren auf eines dieser Bauelemente normiert (z.B. R, mR, nR). Dadurch vereinfachen sich viele Gleichungen.

## 1.1 Passive elektrische Netzwerke

Beispiele zu diesem Abschnitt: Siehe [1], Beispiele 1 bis 5, 11, 13 und 15 sowie S. 129 u. 136, ferner [2], Beispiel 2.

Aufgaben 1 und 2 : Für die RC-Glieder von Bild 1 und 2 sind die Übertragungsfunktionen F(s) und die Signalflußpläne aufzustellen (dabei sollen keine D-Glieder verwendet werden). Eingangsgröße ist jeweils die Eingangsspannung $u_e$ , Ausgangsgröße die Ausgangsspannung $u_a$ .

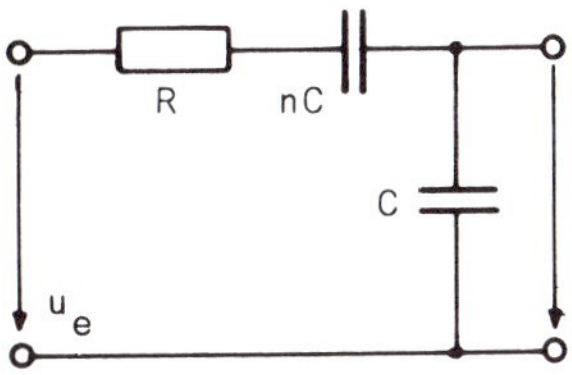


Bild 1 RC-Glied

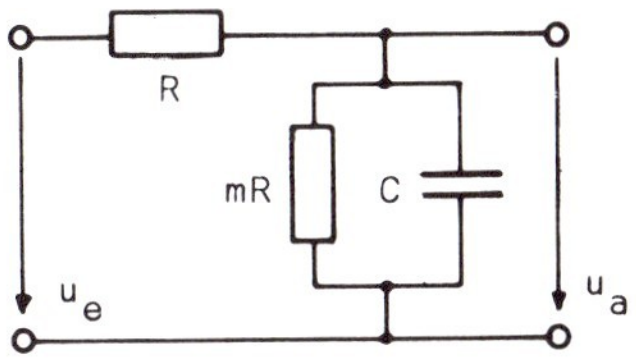


Bild 2 RC-Glied

Aufgaben 3 bis 9 : Für die Netzwerke von Bild 3 bis 9 ist jeweils die Übertragungsfunktion $F(s) = u_a(s)/u_e(s)$ zu bestimmen.

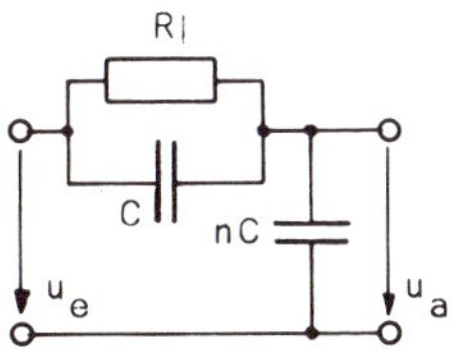


Bild 3 RC-Glied

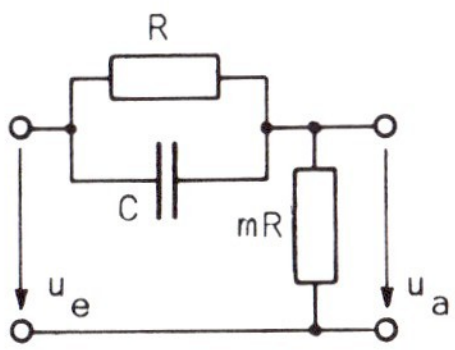


Bild 4 RC-Glied

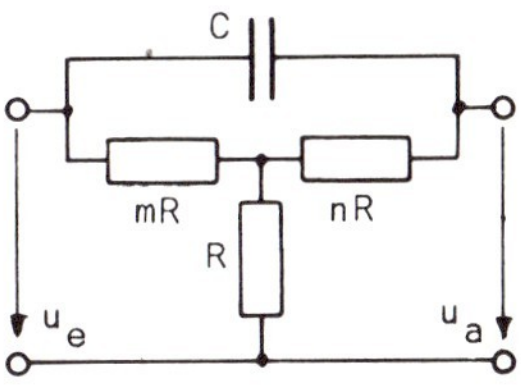


Bild 5 RC-Glied

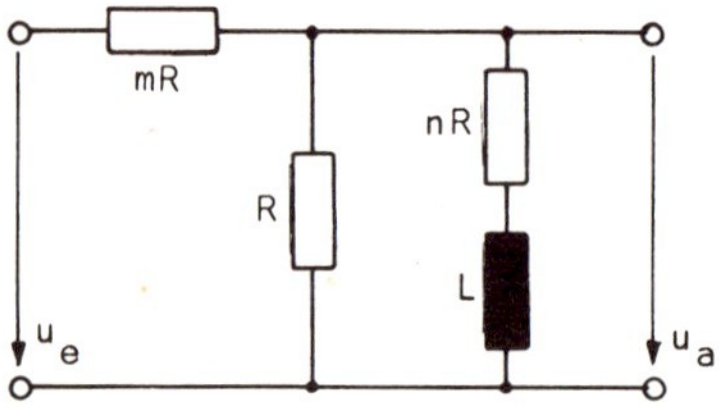


Bild 6 RL-Glied

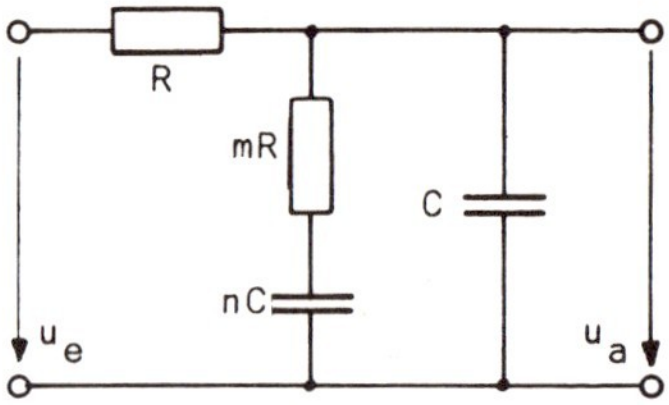


Bild 7 RC-Glied

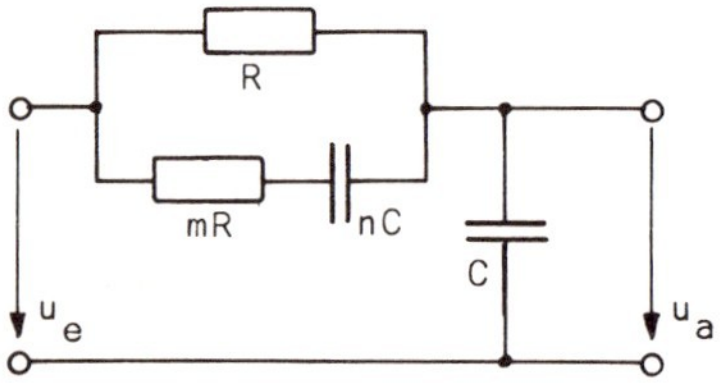


Bild 8 RC-Glied

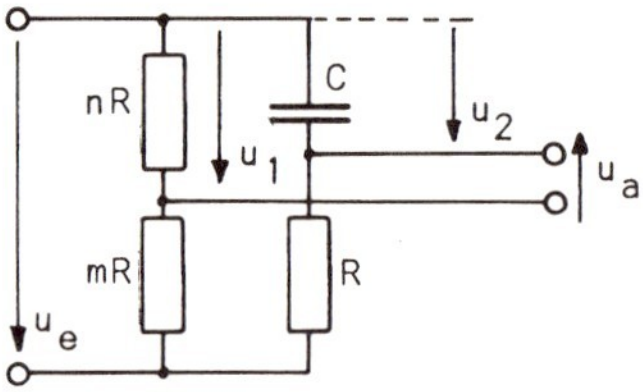


Bild 9 RC-Netzwerk

<u>Aufgaben 10 bis 12</u> : Für die Netzwerke von Bild 10 bis 12 ist jeweils die Übertragungsfunktion F(s) und der Signalflußplan aufzustellen. Eingangsgrößen sind die Spannungen u, Ausgangsgrößen die Ströme i .

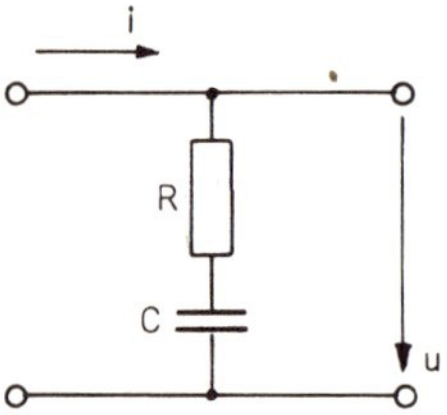


Bild 10 RC-Glied

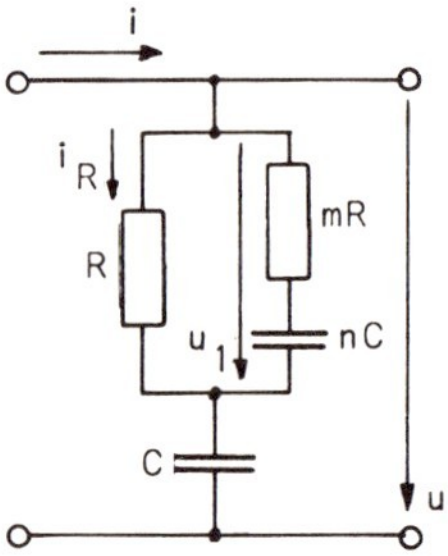


Bild 11 RC-Glied

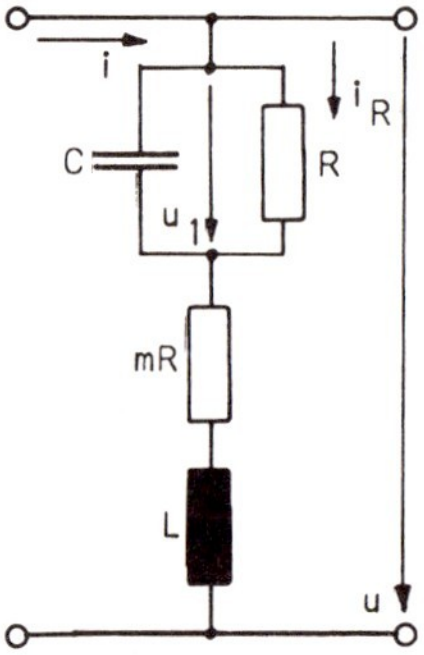


Bild 12 Schwingkreis

Aufgaben 13 und 14 : Für die in den Bildern 13 und 14 dargestellten Netzwerke ist die Übertragungsfunktion $F(s) = i(s)/u(s)$ zu ermitteln.

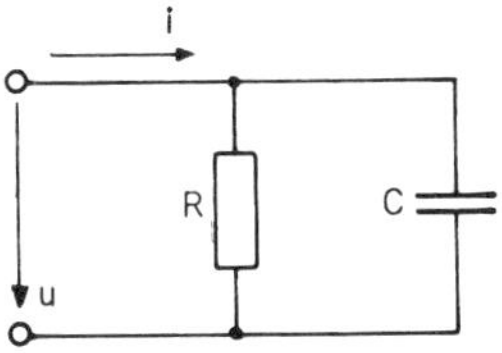


Bild 13 RC-Glied

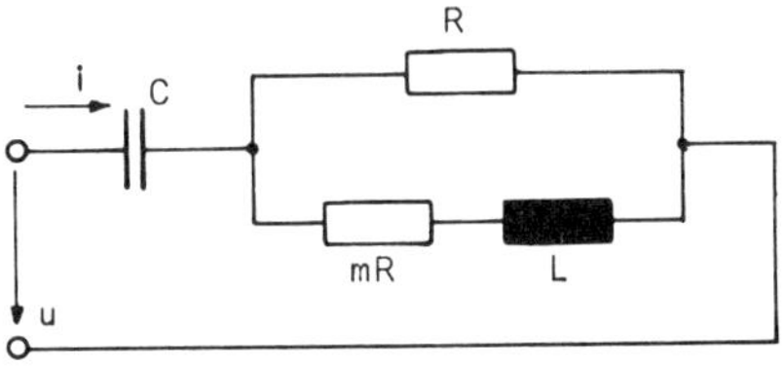


Bild 14 Schwingkreis

Aufgabe 15 : Für den in Bild 15 dargestellten Tiefpaß ist der Signalflußplan (Eingangsgröße $u_e$ , Ausgangsgröße $u_a$) aufzustellen. Dabei sind keine D-Glieder zu verwenden.

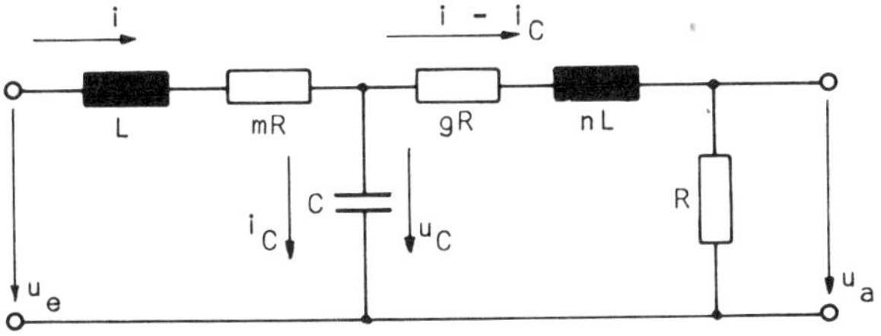


Bild 15 Tiefpaß

Aufgaben 16 und 17 : Für die Netzwerke von Bild 16 und 17 sind zu ermitteln:

a) Die Übertragungsfunktion $F(s) = u_a(s)/u_e(s)$

b) Werte der Kennkreisfrequenz $\omega_o$, des Dämpfungsgrades $\vartheta$ sowie - soweit vorhanden - der Eigenkreisfrequenz $\omega_d$, des Proportionalbeiwerts $K_P$ und des Differenzierbeiwerts $K_D$ bei $L = 0{,}2$ H, $C = 80\ \mu$F, $mR = 42\,\Omega$ und $R = 200\,\Omega$ .

c) Gleichung des Verlaufs der Ausgangsspannung $u_a(t)$ bei den unter b) genannten Daten für $u_e(t) = 10\ V \cdot \varepsilon(t)$.

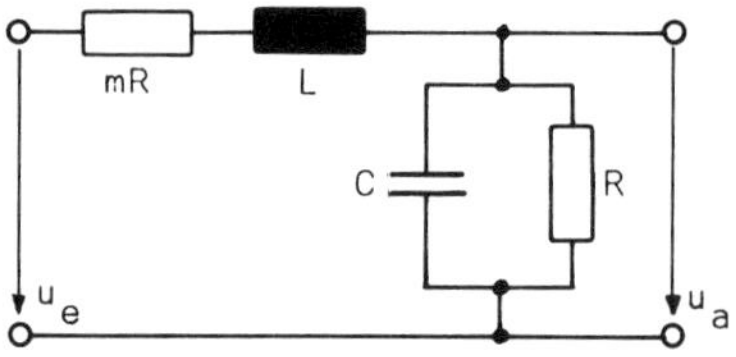


Bild 16 Schwingkreis

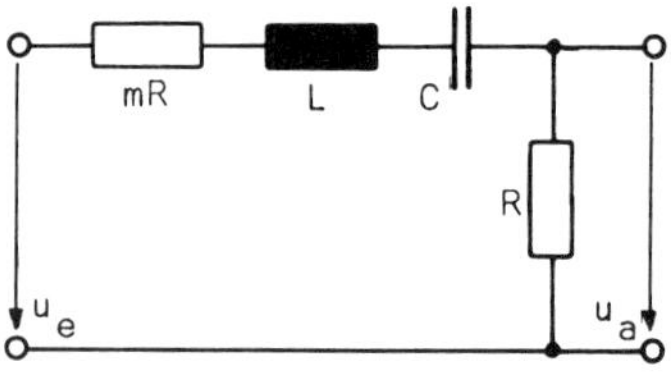


Bild 17 Schwingkreis

## 1.2 Aktive elektrische Netzwerke

Allgemeine Untersuchung des beschalteten Operationsverstärkers s. [1] S. 25 und [2] S. 52

Einführende Beispiele s. [1] Beispiel 8 ( 2 Netzwerke )

Aufgaben 18 bis 23 : Für die in den Bildern 18 bis 23 dargestellten beschalteten Operationsverstärker sind zu ermit-

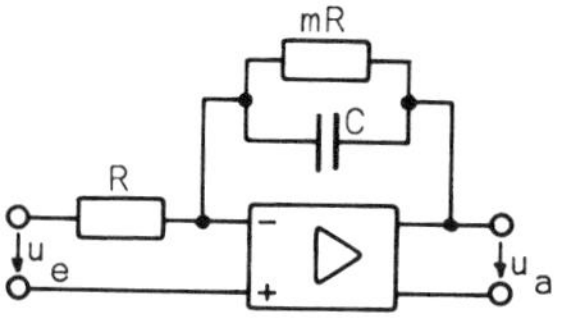


Bild 18 Beschalteter Operationsverstärker zu Aufgabe 18

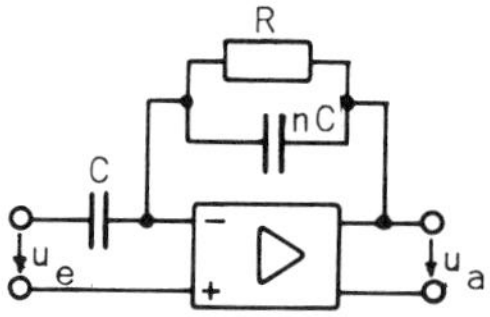


Bild 19 Beschalteter Operationsverstärker zu Aufgabe 19

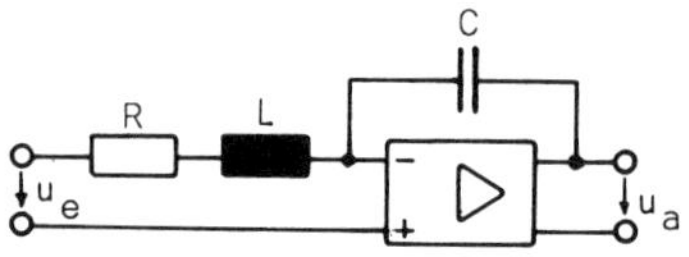


Bild 20 Beschalteter Operationsverstärker zu Aufgabe 20

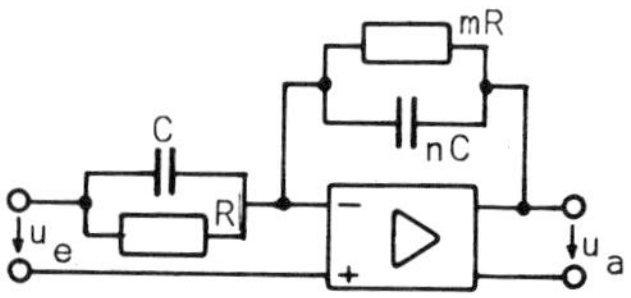


Bild 21 Beschalteter Operationsverstärker zu Aufgabe 21

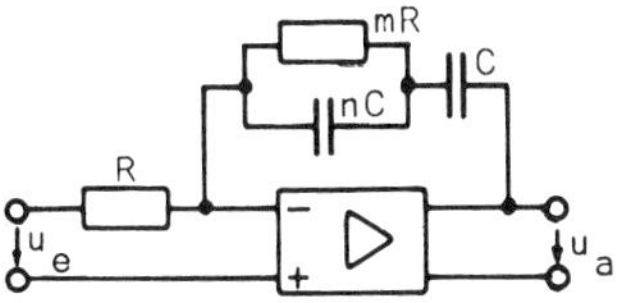


Bild 22 Beschalteter Operationsverstärker von Aufgabe 22

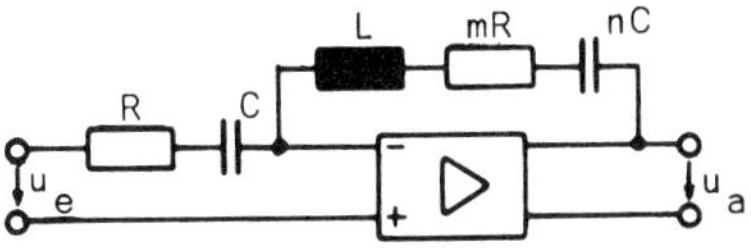


Bild 23 Beschalteter Operationsverstärker von Aufgabe 23

teln:

a) Die Übertragungsfunktion $F(s) = u_a(s)/u_e(s)$

b) Die Differentialgleichung zwischen $u_a(t)$ und $u_e(t)$

c) Die Übergangsfunktion $h(t) = u_a(t)/U_{eo}$
$(u_e(t) = U_{eo}\varepsilon(t))$

Aufgabe 24 : Die Übertragungsfunktion $F(s) = u_a(s)/u_e(s)$ des Netzwerkes von Bild 24 ist zu ermitteln.

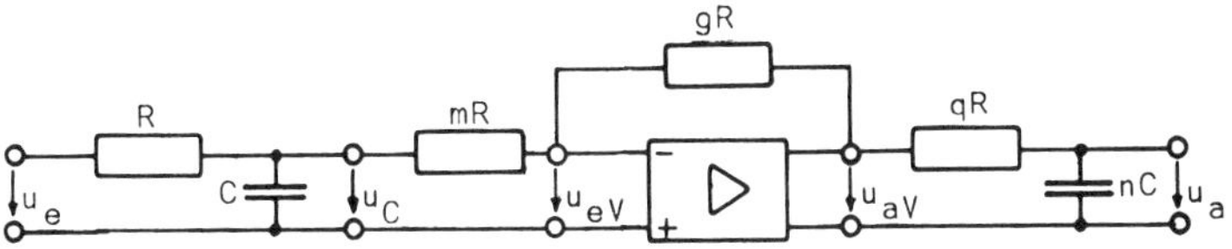


Bild 24 Netzwerk mit Operationsverstärker von Aufgabe 24

Aufgaben 25 bis 27 : Für die beschalteten Operationsverstärker von Bild 25 bis 27 sind jeweils zu ermitteln :

a) Die Übertragungsfunktion $F(s) = u_a(s)/u_e(s)$

b) Die Grenzen, in denen der Dämpfungsgrad $\vartheta$ der betreffenden Schaltung liegen kann, wenn die Kennkreisfrequenz $\omega_o$ , der Proportionalbeiwert $K_P$ und die Vorhaltzeit $T_V$ (s. [2], Abschn. 3.2.5) vorgegeben sind. In Aufgabe 26 sei der Quotient $mR/L \geq 50/\text{sec}$ .

Beispiel 1 : Die Übertragungsfunktion $F(s) = u_a(s)/u_e(s)$ des Netzwerkes von Bild 28 ist aufzustellen. Die Eigenschaften der Schaltung sind zu diskutieren.

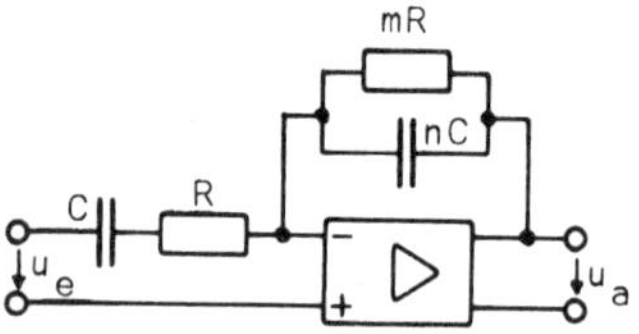


Bild 25 Beschalteter Operationsverstärker von Aufgabe 25

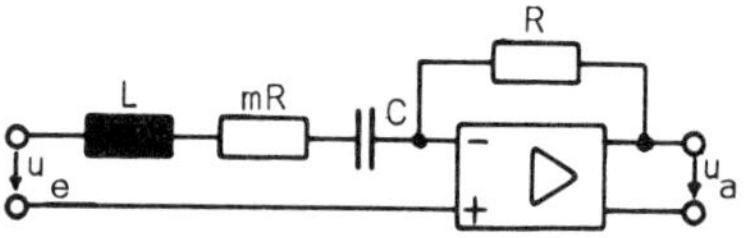


Bild 26 Beschalteter Operationsverstärker von Aufgabe 26

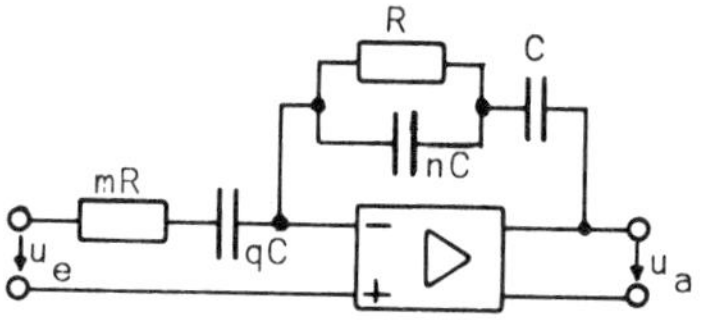


Bild 27 Beschalteter Operationsverstärker von Aufgabe 27

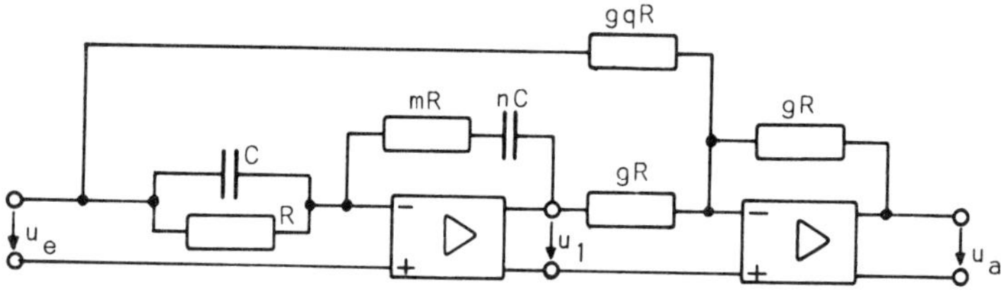


Bild 28 Netzwerk mit zwei Operationsverstärkern (Beispiel 1)

Zunächst stellen wir die Übertragungsfunktion des ersten beschalteten Operationsverstärkers auf. Seine Ausgangsspannung sei $u_1$ ; dann wird

$$F_1(s) = \frac{u_1(s)}{u_e(s)} = -\frac{mR + 1/(nCs)}{\dfrac{R \cdot 1/(Cs)}{R + 1/(Cs)}} = -\frac{(1 + mnCRs)(1 + CRs)}{nCRs} \qquad (1)$$

oder

$$F_1(s) = -\left(\frac{1}{nCRs} + \frac{1 + mn}{n} + mCRs\right) = -K_P\left(\frac{1}{T_n s} + 1 + T_v s\right)$$

mit $K_P = \dfrac{1 + mn}{n}$ , $T_n = (1 + mn)CR$ und $T_v = \dfrac{mn}{1 + mn}CR$

Der erste Operationsverstärker hat PID-Verhalten; $K_P$ ist sein Proportionalbeiwert, $T_n$ seine Nachstellzeit und $T_v$ seine Vorhaltzeit. Bei den meisten PID-Gliedern ist

$$T_n \geqq 4T_v$$

In diesem Fall läßt es sich nach [2], Abschn. 3.2.6 in ein PI-Glied und ein PD-Glied in Kettenschaltung zerlegen; die Übertragungsfunktion hat dann zwei reelle Nullstellen. Wie aus Gl. (1) zu erkennen, gehört auch die schon untersuchte Teilschaltung zu diesem Typ.

Der zweite Operationsverstärker ist als Addierer geschaltet. Die beiden Eingangsspannungen $u_e$ und $u_1$ werden entsprechend den Vorwiderständen $gqR$ und $gR$ bewertet und addiert. Da auch in der Gegenkopplung der Widerstand $gR$ liegt, wird

$$u_a(s) = -\frac{1}{q}u_e(s) - u_1(s)$$

Da nun am ersten Operationsverstärker

$$u_1(s) = -\left(\frac{1}{nCRs} + \frac{1+mn}{n} + mCRs\right)\cdot u_e(s)$$

galt, wird

$$u_a(s) = -\frac{1}{q}u_e(s) + \left(\frac{1}{nCRs} + \frac{1+mn}{n} + mCRs\right)\cdot u_e(s)$$

und somit

$$F(s) = \frac{u_a(s)}{u_e(s)} =$$

$$= \frac{mnq-n+q}{nq}\left[\frac{q}{(mnq-n+q)CRs} + 1 + \frac{mnq}{mnq-n+q}CRs\right]$$

Die Gesamtschaltung zeigt wiederum PID-Verhalten mit den Daten

$$K_P = \frac{mnq-n+q}{nq}$$

$$T_n = (mnq-n+q)CR$$

$$T_v = \frac{mnq}{mnq-n+q}CR$$

Sind $K_P$, $T_n$ und $T_v$ vorgegeben, so sind diese drei Gleichungen als Bestimmungsgleichungen für die Zeitkonstante $RC$ und die drei Faktoren $m$, $n$ und $q$ aufzufassen. Da für vier Unbekannte nur drei Gleichungen vorliegen, kann eine der Unbekannten frei gewählt werden.

Die erste Gleichung läßt sich schreiben

$$K_P = m - \frac{1}{q} + \frac{1}{n} \qquad \text{oder} \qquad m = K_P + \frac{1}{q} - \frac{1}{n}$$

Damit ergibt sich für das Verhältnis

$$\frac{T_v}{T_n} = mnq = nqK_P + n - q$$

Man erkennt leicht, daß die rechte Seite der Gleichung bei vorgegebenem $K_P$ durch passende Wahl von $n$ und $q$ jeden beliebigen Wert annehmen kann. Das bedeutet, daß der PID-Verstärker von Bild 28 der Einschränkung $T_n \geq 4T_v$ nicht mehr unterliegt; seine Übertragungsfunktion kann auch konjugiert komplexe Nullstellen haben.

<u>Aufgaben 28 bis 30</u> : Es sind die beschalteten Operationsverstärker von Bild 29 bis 31 zu untersuchen.

a) Wie lautet die Übertragungsfunktion $F(s) = u_a(s)/u_e(s)$ ?

b) In welchen Grenzen ist die Vorhaltzeit $T_v$ einstellbar, wenn der Proportionalbeiwert $K_P$ vorgegeben ist? Dabei soll in Aufgabe 28 angenommen werden, daß der

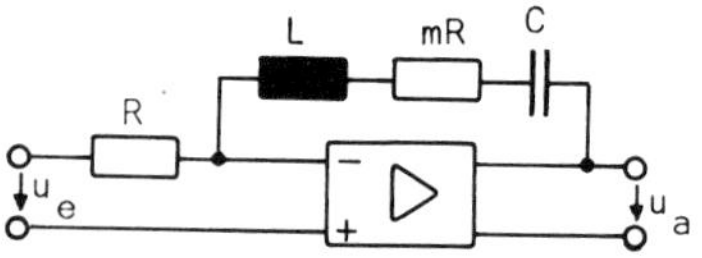


Bild 29 Beschalteter Operationsverstärker von Aufgabe 28

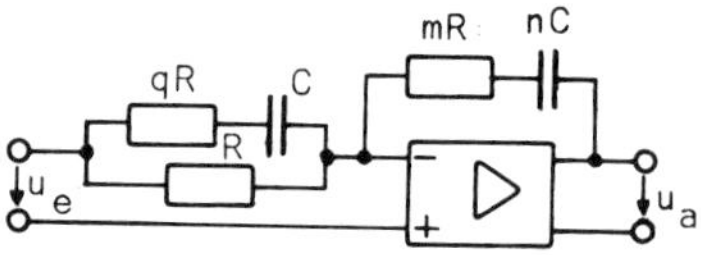


Bild 30 Beschalteter Operationsverstärker von Aufgabe 29

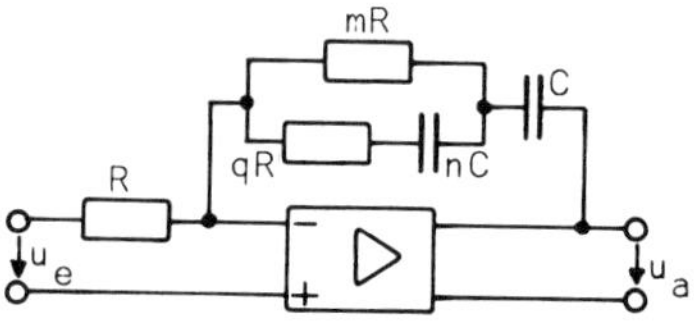


Bild 31 Beschalteter Operationsverstärker von Aufgabe 30

Quotient $L/(mR)$ wegen der unvermeidlichen Verluste höchstens den Wert 0,02 sec haben kann.

c) Zwischen welchen Grenzwerten kann der Quotient $T_n/T_v$ liegen, wenn jeweils Proportionalbeiwert $K_P$ und Vorhaltzeit $T_v$, in den Aufgaben 29 und 30 außerdem der Faktor $n$, vorgegeben werden? Dabei soll $n$ nicht kleiner als $10^{-3}$ gewählt werden, damit nicht zu unterschiedliche Kapazitätswerte auftreten.

d) In der Aufgabe 29 (Schaltung von Bild 30) seien die Daten

$$C = 50\ \mu F$$

$$R = 22\ k\Omega$$

$$m = 2{,}136$$

$$n = 3$$

$$q = 0{,}227$$

gegeben. Man bestimme die Kennwerte :

| | | |
|---|---|---|
| | Proportionalbeiwert | $K_P$ |
| | Vorhaltzeit | $T_v$ |
| | Nachstellzeit | $T_n$ |
| und | Zeitkonstante | $T$ |

## 1.3 Elektromechanische Übertragungsglieder

Beispiel 2 : **Es sind der Signalflußplan und die Übertragungsfunktion** eines Gleichstrommotors zu bestimmen.

Eingangsgröße sei die Klemmenspannung $u$ , Ausgangsgröße die Winkelgeschwindigkeit $\omega$ . Die Erregung des Motors sei konstant (s. Bild 32).

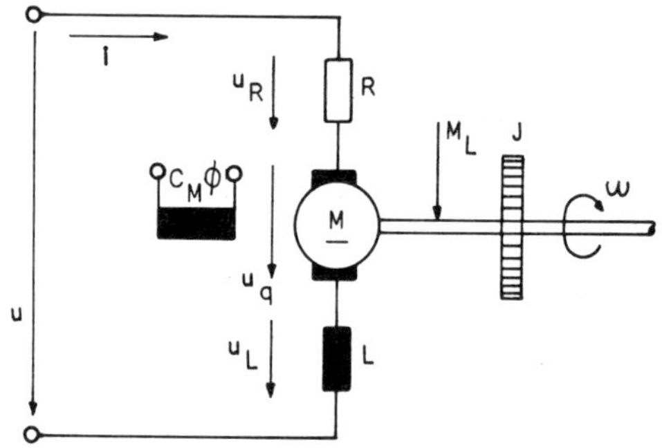


Bild 32 Konstant erregter Gleichstrommotor

Gegeben sind: Der magnetische Fluß $\phi$ , die Maschinenkonstante $C_M$ , die Ankerkreisinduktivität $L$ , der Ankerkreiswiderstand $R$ sowie das Trägheitsmoment $J$ aller angetriebenen Drehmassen. Das Lastmoment $M_L$ hänge nicht von der Winkelgeschwindigkeit $\omega$ ab; Reibungsmoment und Bürstenspannung seien zu vernachlässigen.

**Es seien $u_L$ und $u_R$ die Teilspannungen an der Ankerkreisinduktivität $L$** und am Ankerkreiswiderstand $R$ , $u_q$ die Quellenspannung des Motors; dann gilt

$$u = u_L + u_R + u_q$$

wobei

$$u_q = C_M \phi \omega \qquad (2)$$

Der Ankerstrom sei $i$ ; dann wird

$$u = L\dot{i} + Ri + C_M \phi \omega$$

Ferner gilt für das innere Moment $M_i$ der Gleichstrommaschine

$$M_i = C_M \phi\, i \tag{3}$$

und für das Beschleunigungsmoment

$$M_B = J\dot{\omega} \tag{4}$$

Da das Reibungsmoment vernachlässigt werden sollte, muß das innere Moment mit dem Beschleunigungsmoment und dem Lastmoment im Gleichgewicht sein

$$M_i = M_B + M_L$$

Somit ergibt sich der Signalflußplan von Bild 33.

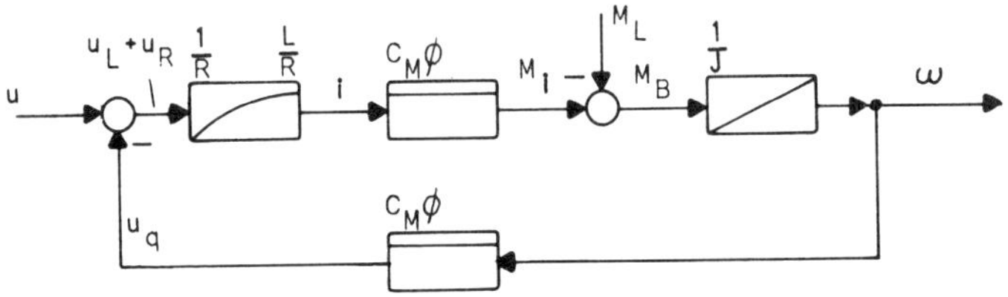


Bild 33 Signalflußplan des Gleichstrommotors

Bei konstantem Lastmoment $M_L$ ergibt sich nach [2], Abschn. 2.3 die Übertragungsfunktion

$$F(s) = \frac{\Delta\omega(s)}{\Delta u(s)} = \frac{\frac{1}{R}\cdot\frac{1}{1+\frac{L}{R}s}\, C_M\phi\, \frac{1}{J}\cdot\frac{1}{s}}{1 + \frac{1}{R}\cdot\frac{1}{1+\frac{L}{R}s}\, C_M\phi\, \frac{1}{J}\cdot\frac{1}{s}\, C_M\phi}$$

oder

$$F(s) = \frac{\Delta\omega(s)}{\Delta u(s)} = \frac{1/(C_M\phi)}{1 + (JR/C_M^2\phi^2)s + (JL/C_M^2\phi^2)s^2}$$

Der Motor hat $P\text{-}T_2$-Verhalten.

Aufgabe 31 : Beim Gleichstrommotor vom Beispiel 2 (Signalflußplan Bild 33) kann das Lastmoment $M_L$ als Störgröße $z$ aufgefaßt werden.

a) Es ist die Störübertragungsfunktion $F_z(s) = \Delta\omega(s)/\Delta M_L(s)$ in allgemeiner Form zu bestimmen.

b) Gegeben seien die Daten

$J = 0{,}4\ \text{VAsec}^3$, $\quad c_M\Phi = 1\ \text{Vsec}$,

$L = 0{,}05\ \text{H}$, $\quad R = 0{,}5\ \Omega$

Es sind die Kennkreisfrequenz $\omega_o$, der Dämpfungsgrad $\vartheta$ und die Eigenkreisfrequenz $\omega_d$ der Störübertragungsfunktion $F_z(s)$ zu berechnen.

c) Das Lastmoment hänge nach der Beziehung

$$M_L = K\omega + M_{Lo} \quad \text{mit} \quad M_{Lo} = \text{const.}$$

von der Winkelgeschwindigkeit $\omega$ ab. Es ist die Übertragungsfunktion $F(s) = \Delta\omega(s)/\Delta u(s)$ in allgemeiner Form zu bestimmen.

Beispiel 3 : Es ist der Signalflußplan eines Gleichstrommotors, der über eine elastische Kupplung eine Arbeitsmaschine antreibt, aufzustellen.

Eingangsgröße sei die Klemmenspannung $u$ des konstant er-

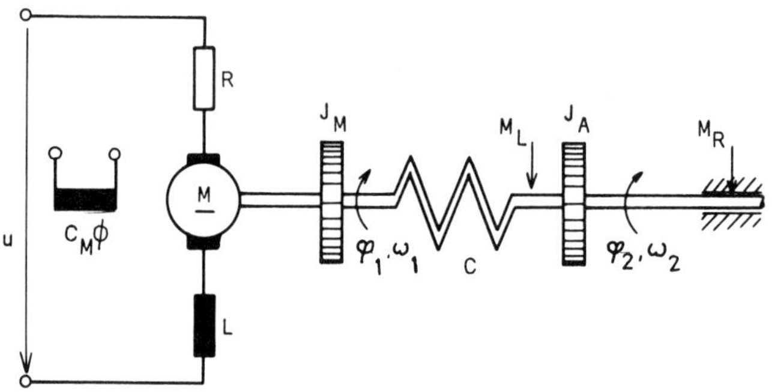


Bild 34 Maschinensatz mit elastischer Kupplung

regten Motors, Ausgangsgröße die Winkelgeschwindigkeit $\omega_2$ der Welle der Arbeitsmaschine (s. Bild 34). Die Größen $\phi$, $C_M$, L und R haben dieselbe Bedeutung wie im Beispiel 2; ferner seien $J_M$ und $J_A$ die Trägheitsmomente von Motor und Antriebsmaschine, C die Federkonstante der Kupplung. $\varphi_1$ und $\omega_1$ seien der Verdrehungswinkel und die Winkelgeschwindigkeit des Motors und $\varphi_2$ der Verdrehungswinkel der Welle der Arbeitsmaschine. Auf diese Welle wirke das Reibungsmoment

$$M_R = D\omega_2 + M_{Ro}$$

(D = **Reibungskoeffizient;** $M_{Ro}$ = **const.), sowie das Lastmoment** $M_L$, **das von der Winkelgeschwindigkeit** $\omega_2$ **unabhängig sei.**

Für den Motor können wir den Signalflußplan vom Beispiel 2 weitgehend übernehmen, doch muß das innere Moment des Motors

$$M_i = M_{B1} + M_C$$

jetzt dem Beschleunigungsmoment

$$M_{B1} = J_M\dot{\omega}_1$$

des Motorankers und dem von der Kupplung übertragenen Moment

$$M_C = C(\varphi_1 - \varphi_2)$$

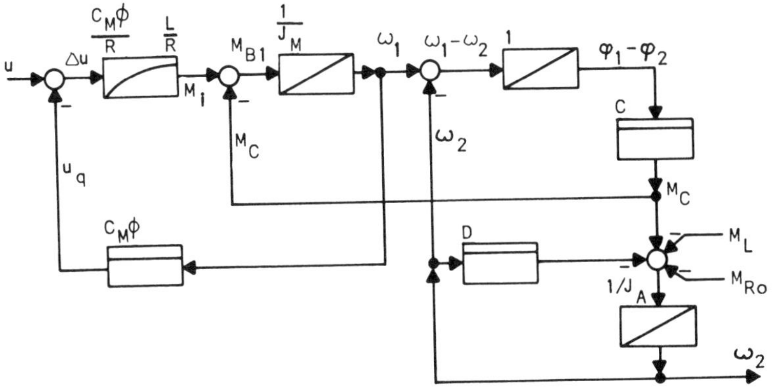


Bild 35 Signalflußplan zum Beispiel 3

die Waage halten.

Ferner gilt für die Quellenspannung des Motors (s. Gl. ( 2 ))

$$u_q = C_M \phi \omega_1$$

Aus $\omega_1 = \dot{\varphi}_1$ und $\omega_2 = \dot{\varphi}_2$ folgt

$$\varphi_1 - \varphi_2 = \int (\omega_1 - \omega_2) dt$$

Die Welle der Antriebsmaschine wird vom Kupplungsmoment

$$M_C = M_{B2} + M_R + M_L$$

angetrieben, das dem Beschleunigungsmoment

$$M_{B2} = J_A \dot{\omega}_2$$

der Antriebsmaschine, dem Reibungsmoment $M_R$ und dem Lastmoment $M_L$ das Gleichgewicht halten muß. Somit ergibt sich der Signalflußplan von Bild 35.

Aufgabe 32 : Untersuchung einer Quellenspannungsmeßbrücke.

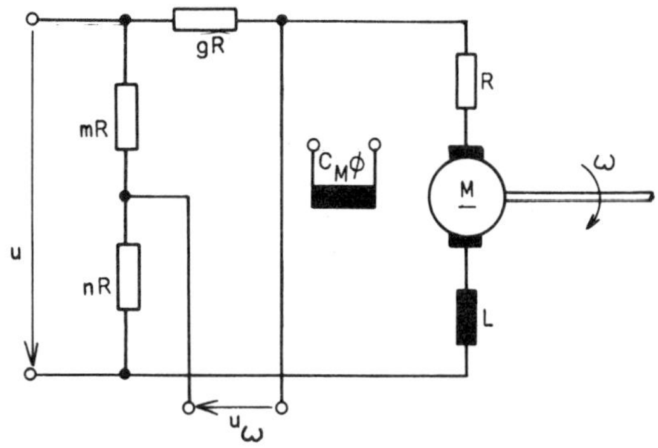


Bild 36 Quellenspannungsmeßbrücke zur Messung der Winkelgeschwindigkeit eines Gleichstrommotors

Statt eines Tachogenerators (oder anderen Meßfühlers) kann zur angenäherten Messung der Winkelgeschwindigkeit eines

Gleichstrommotors eine Quellenspannungsmeßbrücke nach Bild 36 verwendet werden.

a) Für diese Schaltung soll die Differentialgleichung ermittelt werden, die den Zusammenhang zwischen der Meßspannung $u_\omega$, der Klemmenspannung $u$ und der Winkelgeschwindigkeit $\omega$ wiedergibt.

b) Welche Beziehung muß zwischen den Konstanten g, m und n bestehen, damit statisch (d. h., wenn die Wirkung der Induktivität L unberücksichtigt bleibt) die Meßspannung $u_\omega$ proportional der Winkelgeschwindigkeit $\omega$ wird?

c) Welche Gleichung gilt dann (statisch) für die Meßspannung $u_\omega$?

Beispiel 4 : Es sind Signalflußplan und Übertragungsfunktion eines Drehspulmeßwerkes mit mechanischer Dämpfung aufzustellen. Eingangsgröße sei der Meßwerkstrom $i$, Ausgangsgröße der Ausschlagwinkel $\varphi$.

Der magnetische Fluß $\phi$ wird von einem Permanentmagneten erzeugt. Ist $C_M$ die Meßwerkkonstante, wird in der Meßspule eine Quellenspannung

$$u_q = C_M \phi \omega \qquad (5)$$

induziert; dabei ist $\omega = \dot{\varphi}$ die Winkelgeschwindigkeit des Meßwerkes. Ferner gelten für das innere Moment $M_i$ und das Beschleunigungsmoment des Meßwerkes wie beim Gleichstrommotor die Gl. (3) und (4)

$$M_i = C_M \phi i \qquad \text{und} \qquad M_B = J \dot{\omega}$$

wobei $J$ das Trägheitsmoment der beweglichen Masse ist.
Die Spiralfedern erzeugen ein Rückstellmoment

$$M_F = C\varphi \qquad (C = \text{Federkonstante})$$

Ferner bewirkt die mechanische Dämpfung ein Moment

$$M_D = D\dot{\varphi} \qquad (D = \text{Dämpfungskonstante})$$

Da die Momente im Gleichgewicht sein müssen, ergibt sich die Gleichung

$$M_i = M_B + M_F + M_D$$

Damit erhält man den Signalflußplan von Bild 37

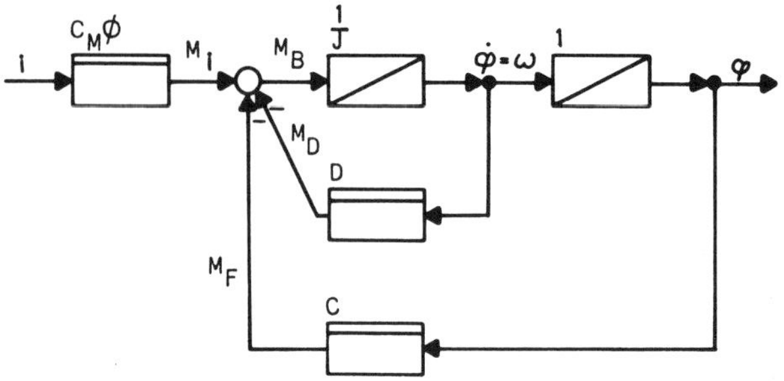


Bild 37 Signalflußplan des Meßwerkes von Beispiel 4

Aus dem Signalflußplan entnimmt man die Übertragungsfunktion

$$F(s) = \frac{\varphi(s)}{i(s)} = \frac{\frac{C_M\phi}{C}}{1 + \frac{D}{C}s + \frac{J}{C}s^2}$$

Das Meßwerk hat $P\text{-}T_2$-Verhalten.

Aufgabe 33 : Die Drehspule des Meßwerkes vom Beispiel 4 habe den Widerstand R und die Induktivität L . Die Eingangsgröße sei die Meßwerkspannung u , die Ausgangsgröße sei der Ausschlagwinkel $\varphi$ . Es sind der Signalflußplan und die Übertragungsfunktion zu ermitteln.

Aufgabe 34 : Belasteter Gleichstromgenerator.
Ein konstant erregter Gleichstromgenerator werde mit der Winkelgeschwindigkeit $\omega$ angetrieben. Er sei entsprechend Bild 38 mit einer Drosselspule (Induktivität L , Widerstand R) belastet. Seine Ankerkreisinduktivität sei nL , sein Ankerkreiswiderstand mR und die Maschinenkonstante $C_M$. Die Winkelgeschwindigkeit $\omega$ werde als Eingangsgröße und die Klemmenspannung u als Ausgangsgröße angenommen. Gesucht sind

a) der Signalflußplan

b) die Übertragungsfunktion

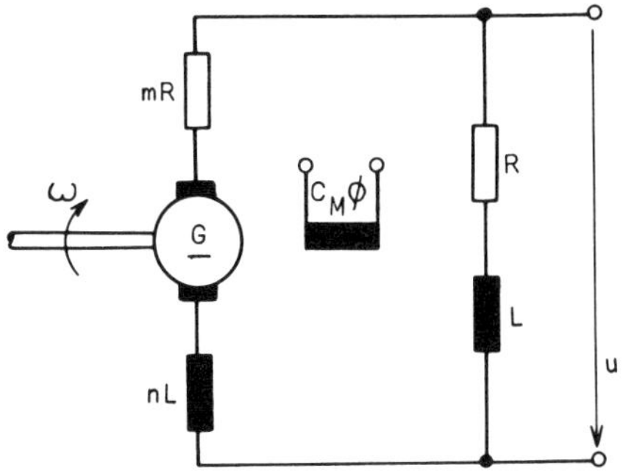


Bild 38 Belasteter Gleichstromgenerator von Aufgabe 34

Beispiel 5 : Signalflußplan und Störübertragungsfunktion eines Asynchronmotors. Es soll der Einfluß des Lastmomentes $M_L$ (als Störgröße) untersucht werden. Ausgangsgröße des Signalflußplanes sei die Winkelgeschwindigkeit $\omega$ des Läufers. Wie aus der in Bild 39 dargestellten Betriebskennlinie zu entnehmen, zeigt ein stromverdrängungsfreier Asynchronmotor im Bereich kleinen Schlupfes (Schlupf s

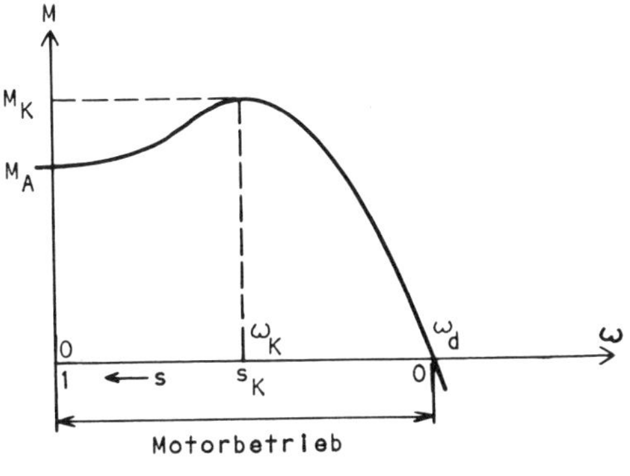


Bild 39 Betriebskennlinie $M = f(\omega)$ eines stromverdrängungsfreien Asynchronmotors (mit Anlaufmoment $M_A$ und Kipp-Winkelgeschwindigkeit $\omega_K$)

klein gegen den Kippschlupf $s_K$) eine angenähert proportionale Abhängigkeit des Schlupfes $s$ vom Drehmoment $M$

$$\frac{M}{M_K} \approx \frac{2s}{s_K}$$

wobei $M_K$ das Kippmoment ist. Der Schlupf-Winkelgeschwindigkeit

$$\omega_S = s\,\omega_d \quad (\omega_d = \text{Drehfeld-Winkelgeschwindigkeit})$$

ist die Quellenspannung $u_{2q}$ proportional; diese hat - über eine Verzögerung 1. Ordnung mit der Zeitkonstanten

$$T = \frac{L_{2\sigma}}{R_2}$$

(wobei $L_{2\sigma}$ die Streuinduktivität und $R$ der Wirkwiderstand des Läufers sind)- den Läuferstrom $i_2$ zur Folge, der wiederum dem Drehmoment $M$ proportional ist. Berücksichtigt man, daß das Drehmoment $M$ dem Lastmoment $M_L$ und dem Beschleunigungsmoment $M_B = J\dot{\omega}$ die Waage halten muß, ergibt sich der Signalflußplan von Bild 40 mit

$$K = \frac{2M_K}{s_K\,\omega_d}$$

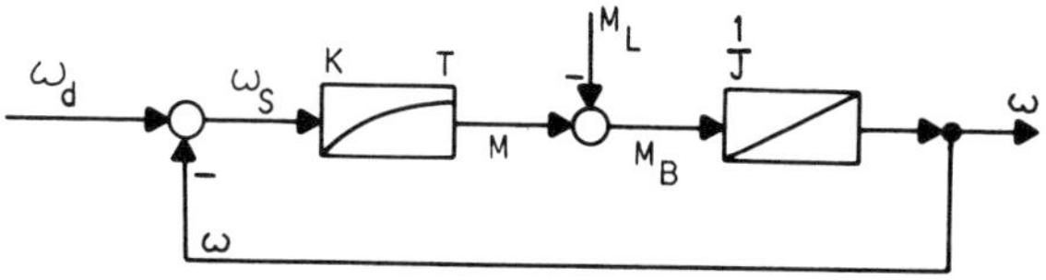


Bild 40 Signalflußplan eines Drehstrom-Asynchronmotors bei kleinem Schlupf ($s \ll s_K$)

Daraus leitet sich die Störübertragungsfunktion ab

$$F_z(s) = \frac{\Delta\omega(s)}{\Delta M_L(s)} = \frac{1}{K}\cdot\frac{1 + Ts}{1 + \frac{J}{K}s + \frac{JT}{K}s^2}$$

(PD-$T_2$-Verhalten).

## 1.4 Thermodynamische Übertragungsglieder

Beispiel 6 : Erwärmung eines festen Körpers.

Ein fester Körper mit der Masse $m$, der Oberfläche $A$ und der spezifischen Wärmekapazität $c$ ist von einer Grenzschicht der Dicke $d$ (die klein gegen die Abmessungen des Körpers ist) und der Wärmeleitfähigkeit $\lambda$ umgeben. Die Wärmeleitfähigkeit des Körpers selbst sei unendlich gut, so daß an allen Stellen die gleiche Temperatur $\vartheta_i$ herrscht; die Außentemperatur sei $\vartheta_a$ . Der Einfluß der Wärmestrahlung wird vernachlässigt. Es sollen der Signalflußplan und die Übertragungsfunktion ermittelt werden, wenn die Außentemperatur $\vartheta_a$ als Ursache (Eingangsgröße) und die Körpertemperatur $\vartheta_i$ als Wirkung (Ausgangsgröße) aufgefaßt werden.

Die vom Körper gespeicherte Wärmemenge

$$Q = m\,c\,\vartheta_i$$

ist seiner Temperatur proportional. Durch die Grenzschicht tritt ein Wärmestrom $\phi$, der der Temperaturdifferenz $\vartheta_a - \vartheta_i$ und der Oberfläche $A$ direkt, der Dicke $d$ dagegen umgekehrt proportional ist

$$\phi = \frac{A\lambda}{d}(\vartheta_a - \vartheta_i)$$

Der Wärmestrom $\phi$ ist gleich der zeitlichen Änderung der Wärmemenge $Q$ $\quad \phi = \frac{dQ}{dt} \quad$ oder $\quad Q = \int \phi\, dt$

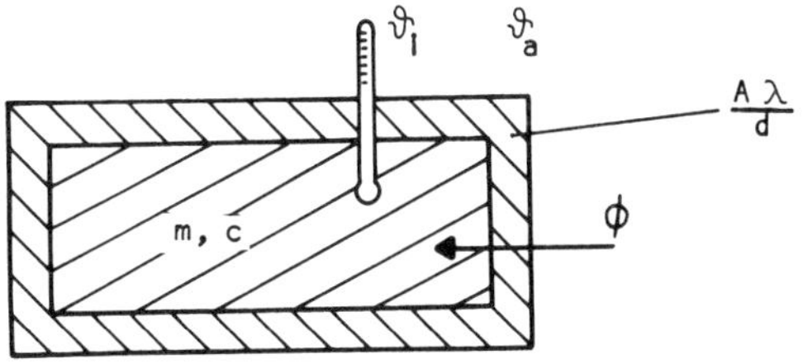


Bild 41 Fester Körper mit wärmeleitender Grenzschicht

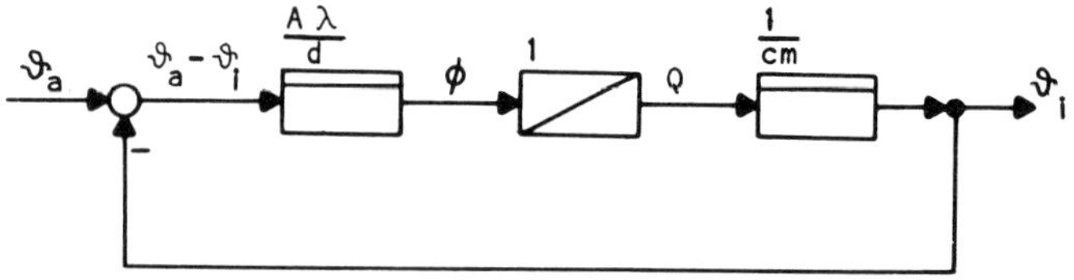


Bild 42 Signalflußplan für die Erwärmung eines festen Körpers

Damit ergibt sich der Signalflußplan von Bild 42 und daraus die Übertragungsfunktion

$$F(s) = \frac{\vartheta_i(s)}{\vartheta_a(s)} = \frac{1}{1 + \frac{cdm}{A\lambda}s}$$

Der Körper hat $T_1$-Verhalten.

Nehmen wir an, es seien die folgenden Daten gegeben :

$c = 0{,}8$ kWsec/(kgK) $\quad A = 0{,}04\ m^2$

$\lambda = 0{,}2$ W/(K·m) $\quad d = 2$ mm

$m = 2$ kg

Dann wird die Zeitkonstante $T = cdm/(A\lambda) = 400$ sec

Aufgabe 35 : Ein elektrischer Heizkörper mit der Masse $m_H$, der spezifischen Wärmekapazität $c_H$ und der Temperatur $\vartheta_H$ befindet sich in einem Raum, dessen Luft die Masse $m_L$, die spezifische Wärmekapazität $c_L$ und die Temperatur $\vartheta_L$ habe. Den Heizkörper umgibt eine Grenzschicht mit der Oberfläche $A_H$, der Dicke $d_H$ und der Wärmeleitfähigkeit $\lambda_H$. Die Außenwand des Raumes hat eine Gesamtfläche $A_W$, die Dicke $d_W$ und die spezifische Wärmeleitfähigkeit $\lambda_W$. Die Außentemperatur sei $\vartheta_a$. Gesucht sind :

a) Der Signalflußplan, wenn die zugeführte elektrische Leistung $P_{el}$ als Eingangsgröße und die Raumtemperatur $\vartheta_L$ als Ausgangsgröße angenommen werden. Die Außentemperatur $\vartheta_a$ tritt dabei als Störgröße auf.

b) Die Übertragungsfunktion $F(s) = \Delta\vartheta_L(s)/\Delta P_{el}(s)$ .

Beispiel 7 : Erwärmung einer strömenden Flüssigkeit.
Durch einen Erhitzer strömt eine Flüssigkeit mit der spezifischen Wärmekapazität $c$ . Der Massenstrom $\dot{m}$ ist konstant; im Erhitzer ist stets die Masse $m_F$ enthalten. Durch elektrische Heizung wird der Flüssigkeit der Wärmestrom $\phi$ zugeführt (der gleich der elektrischen Leistung $P_{el}$ ist). $\vartheta_{zu}$ sei die Temperatur der zufließenden, $\vartheta_{ab}$ die der abfließenden Flüssigkeit. Die Außenwand des Erhitzers hat die Gesamtfläche $A$ , die Dicke $d$ und die Wärmeleitfähigkeit $\lambda$; die Außentemperatur sei $\vartheta_a$ .
Zur Vereinfachung sei angenommen, daß infolge guter Durchmischung Temperaturunterschiede innerhalb der Flüssigkeit keine Rolle spielen. Gesucht werden der Signalflußplan (mit $P_{el}$ als Eingangsgröße und $\vartheta_{ab}$ als Ausgangsgröße) und die entsprechende Übertragungsfunktion, ferner die Störübertragungsfunktion $F_z(s) = \Delta\vartheta_{ab}(s)/\Delta\vartheta_{zu}(s)$ .
Die zufließende Flüssigkeit führt einen Wärmestrom

$$\phi_{zu} = c\dot{m}\vartheta_{zu}$$

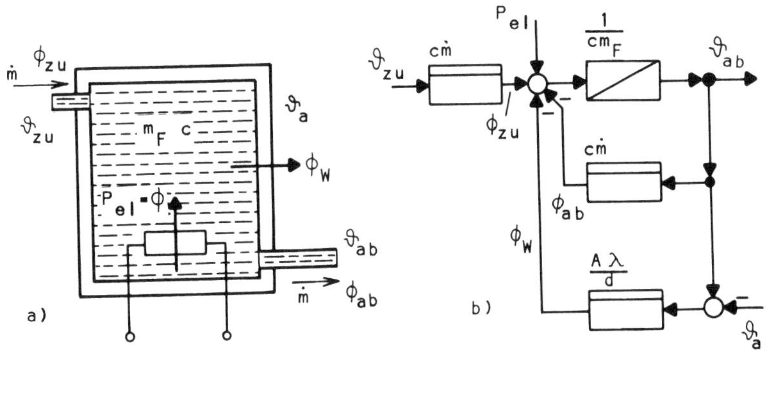


Bild 43 Elektrische Erwärmung einer strömenden Flüssigkeit (a) und zugehöriger Signalflußplan (b)

mit sich; von der abfließenden Flüssigkeit wird entsprechend der Wärmestrom

$$\phi_{ab} = c\dot{m}\vartheta_{ab}$$

mitgeführt. Durch die Außenwand geht der Wärmestrom

$$\phi_W = \frac{A\lambda}{d}(\vartheta_{ab} - \vartheta_a)$$

verloren, so daß nur der Wärmestrom

$$\Delta\phi = P_{el} + \phi_{zu} - \phi_{ab} - \phi_W$$

zur Aufheizung der Flüssigkeit zur Verfügung steht. Dieser Wärmestrom ergibt integriert den Wärmeinhalt $Q$, der der Flüssigkeitstemperatur $\vartheta_{ab}$ proportional ist. Damit erhält man den Signalflußplan von Bild 43 b, aus dem sich die Übertragungsfunktion ableiten läßt

$$F(s) = \frac{\Delta\vartheta_{ab}(s)}{\Delta P_{el}(s)} = \frac{\dfrac{d}{cd\dot{m} + A\lambda}}{1 + \dfrac{cdm_F}{cd\dot{m} + A\lambda}s}$$

($P$-$T_1$-Verhalten). Normalerweise ist der Wärmestrom $\phi_W$ zu vernachlässigen, so daß

$$F(s) \approx \frac{1/(c\dot{m})}{1 + m_F s/\dot{m}}$$

wird.

Als Störübertragungsfunktion erhält man entsprechend

$$F_z(s) = \frac{\Delta\vartheta_{ab}(s)}{\Delta\vartheta_{zu}(s)} \approx \frac{1}{1 + m_F s/\dot{m}}$$

## 1.5 Mechanische Übertragungsglieder

Beispiel 8 : Es sollen die Übertragungsfunktionen der mechanischen Systeme von Bild 44 ermittelt werden.

a) Bei dem System von Bild 44 a seien die Weglängen $b_e$ und $b_a$ Eingangs- und Ausgangsgröße. Die zur Auslenkung erforderliche Kraft $F_K$ verursacht die Dehnung $b_e - b_a$ der rechten Feder (Federkonstante $mC$). Nach dem Hookeschen Gesetz gilt

$$F_K = mC(b_e - b_a)$$

Diese Kraft teilt sich in zwei Teilkräfte $F_C$ und $F_D$ ,

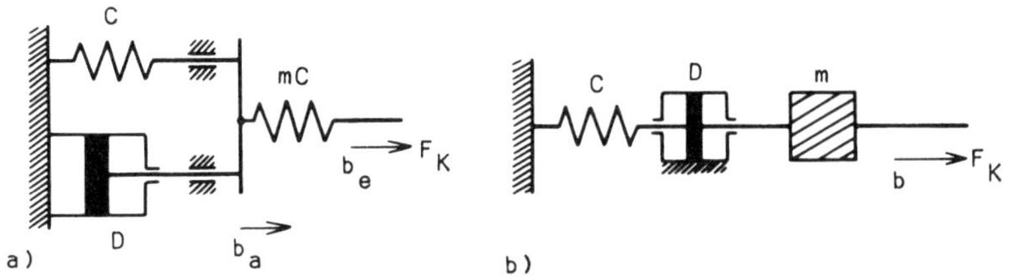


Bild 44 Zwei mechanische Systeme

$$F_K = F_C + F_D$$

mit $F_C = Cb_a$ und $F_D = D\dot{b}_a$

die auf die linke Feder (Federkonstante C) und auf den mit ihr starr verbundenen Dämpfungstopf (Dämpfungsbeiwert D) wirken. Aus diesen Beziehungen leitet sich die Übertragungsfunktion

$$F(s) = \frac{b_a(s)}{b_e(s)} = \frac{\frac{m}{1 + m}}{1 + \frac{D}{(1 + m)C}s}$$

(mit P-$T_1$-Verhalten) ab.

b) Für das System von Bild 44 b sei die Eingangsgröße die Kraft $F_K$ und die Weglänge b die Ausgangsgröße. Die Kraft

$$F_K = F_C + F_D + F_B$$

hält sich die Waage mit der Federkraft

$$F_C = Cb$$

der Reibungskraft des Dämpfungsgliedes

$$F_D = D\dot{b}$$

und der Beschleunigungskraft

$$F_B = m\ddot{b}$$

Daraus erhält man die Übertragungsfunktion (P-$T_2$-Verhalten)

$$F(s) = \frac{b(s)}{F_K(s)} = \frac{1/C}{1 + (D/C)s + (m/C)s^2}$$

Beispiel 9 : Passives hydraulisches Übertragungsglied (Kaskade aus zwei Behältern).

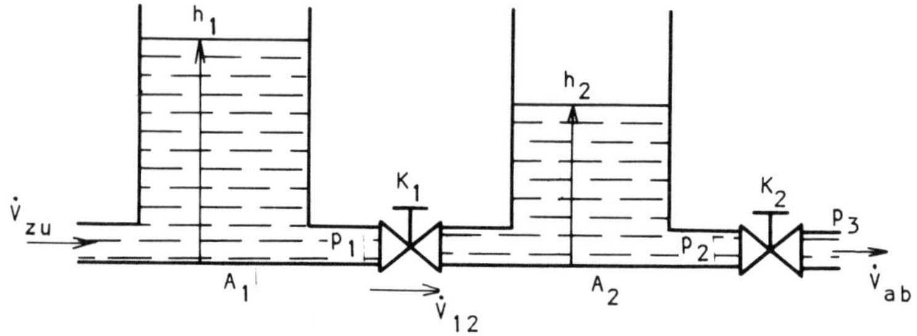


Bild 45 Kaskade aus zwei Behältern

Zwei zylindrische Flüssigkeitsbehälter sind über eine Rohrleitung mit einer Drosselstelle miteinander verbunden; der Drosselbeiwert sei $K_1$ (dabei sei die Drosselwirkung der Rohrleitung bereits berücksichtigt). In den ersten Behälter (s. Bild 45) wird der Volumenstrom $\dot{V}_{zu}$ gepumpt. Die Behälter haben die Querschnitte $A_1$ und $A_2$ ; sie seien bis zur Höhe $h_1$ bzw. $h_2$ gefüllt. An ihren Grundflächen herrschen die Drücke $p_1$ und $p_2$ . Aus dem zweiten Behälter fließt über eine weitere Drosselstelle (Drosselbeiwert $K_2$) der Volumenstrom $\dot{V}_{ab}$ weiter; hinter dieser Drosselstelle herrscht der Druck $p_3$ , der von keiner anderen Größe des Systems abhängt. Die Strömung sei an allen Stellen laminar. Es sollen der Signalflußplan mit $\dot{V}_{zu}$ als Eingangsgröße und $\dot{V}_{ab}$ als Ausgangsgröße ermittelt werden. Ferner soll die Störübertragungsfunktion (Druck $p_3$ als Störgröße) bestimmt werden.

Führt man noch die Bezeichnung $\dot{V}_{12}$ für den Volumenstrom zwischen den beiden Behältern ein, so gilt

$$\dot{V}_{zu} - \dot{V}_{12} = A_1 \frac{dh_1}{dt}$$

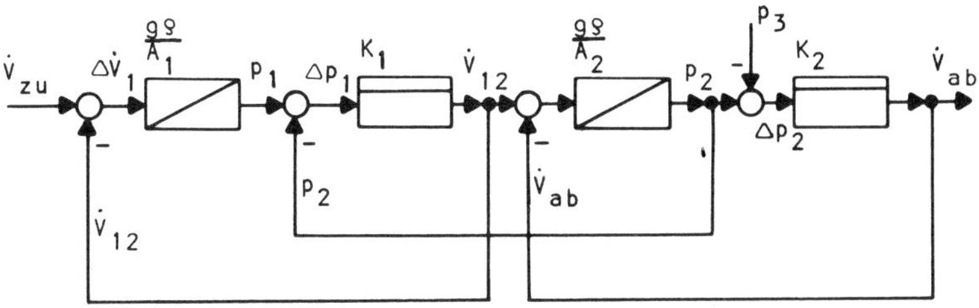


Bild 46 Signalflußplan des passiven hydraulischen Systems von Beispiel 9

oder

$$h_1 = \frac{1}{A_1}\int(\dot V_{zu} - \dot V_{12})dt$$

Ist $\varrho$ die Dichte der Flüssigkeit und $g$ die Erdbeschleunigung, so gilt

$$p_1 = g\varrho h_1$$

und somit

$$p_1 = \frac{g\varrho}{A_1}\int(\dot V_{zu} - \dot V_{12})dt$$

Ganz entsprechend ergibt sich

$$p_2 = \frac{g\varrho}{A_2}\int(\dot V_{12} - \dot V_{ab})dt$$

Ferner ist

$$\dot V_{12} = K_1(p_1 - p_2)$$

und

$$\dot V_{ab} = K_2(p_2 - p_3)$$

Diese Beziehungen ergeben den Signalflußplan von Bild 46.
Zur Bestimmung der Übertragungsfunktion

$$F(s) = \Delta\dot V_{ab}(s)/\Delta\dot V_{zu}(s)$$

kann das Signal $p_3$ außer Betracht bleiben. Dann kann nach [2], Abschn. 5.2 (Bild 62 d) die Verzweigungsstelle des Signales $p_2$ nach rechts und nach Bild 62 b die zweite Additionsstelle nach links verlagert werden. Dabei entsteht eine Rückführung vom Ausgang zum Eingang, in der ein P-Glied mit dem Proportionalbeiwert $1/K_2$ und ein D-Glied mit dem Differenzierbeiwert $A_1/(g\varrho)$ liegen. Nach den bekannten Regeln erhält man die Übertragungsfunktion

$$F(s) = \frac{\Delta\dot{V}_{ab}(s)}{\Delta\dot{V}_{zu}(s)} = \frac{\frac{g\varrho K_1/(A_1 s)}{1 + g\varrho K_1/(A_1 s)} \cdot \frac{g\varrho K_2/(A_2 s)}{1 + g\varrho K_2/(A_2 s)}}{1 + \frac{g\varrho K_1/(A_1 s)}{1 + g\varrho K_1/(A_1 s)} \cdot \frac{g\varrho K_2/(A_2 s)}{1 + g\varrho K_2/(A_2 s)} \cdot A_1 s/(g\varrho K_2)}$$

oder

$$F(s) = \frac{\Delta\dot{V}_{ab}(s)}{\Delta\dot{V}_{zu}(s)} = \frac{1}{1 + \frac{1}{g\varrho}\left(\frac{A_1}{K_1} + \frac{A_2}{K_2} + \frac{A_1}{K_2}\right)s + \frac{A_1 A_2}{g^2\varrho^2 K_1 K_2}s^2}$$

($T_2$-Verhalten).

Zur Berechnung der Störübertragungsfunktion muß zunächst im Signalflußplan von Bild 46 die letzte Additionsstelle ($p_2 - p_3$) nach [2], Bild 62 a nach rechts verlagert und anschließend nach Bild 62 e mit der letzten Verzweigungsstelle vertauscht werden, **Führt man jetzt die gleichen Umformungen wie bei der Ermittlung der** Übertragungsfunktion F(s) durch, entsteht der Signalflußplan von Bild 47.

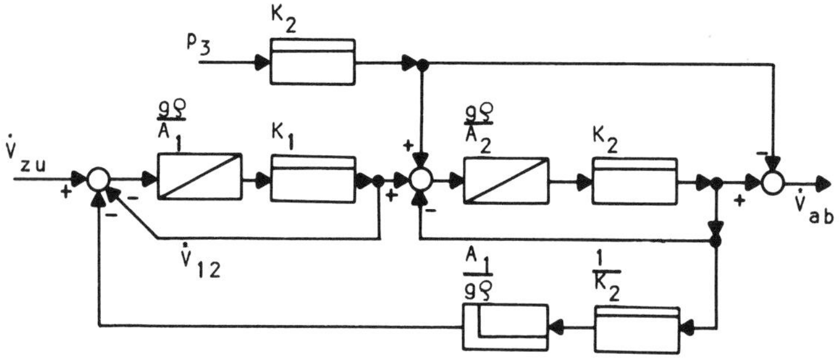


Bild 47 Umformung des Signalflußplanes von Bild 46

Der Druck $p_3$ ist Eingangsgröße; zur Bestimmung der Störübertragungsfunktion bleibt die Eingangsgröße $\dot{V}_{zu}$ unberücksichtigt. Nach den bekannten Regeln erhält man für

$F_z(s) = \Delta\dot{V}_{ab}(s)/\Delta p_3(s)$

$$F_z(s) = -K_2 \cdot \left[ 1 + \frac{\dfrac{g\varrho K_2/(A_2 s)}{1 + g\varrho K_2/(A_2 s)}}{1 + \dfrac{g\varrho K_1/(A_1 s)}{1 + g\varrho K_1/(A_1 s)} \cdot \dfrac{g\varrho K_2/(A_2 s)}{1 + g\varrho K_2/(A_2 s)} \cdot \dfrac{A_1 s}{g\varrho K_2}} \right]$$

oder nach einigen Umformungen

$$F_z(s) = -\frac{A_1 + A_2}{g\varrho} \cdot \frac{s\left(1 + \dfrac{A_1 A_2}{A_1 + A_2} \cdot \dfrac{s}{g\varrho K_1}\right)}{1 + \dfrac{1}{g\varrho}\left(\dfrac{A_1}{K_1} + \dfrac{A_2}{K_2} + \dfrac{A_1}{K_2}\right)s + \dfrac{A_1 A_2}{g^2 \varrho^2 K_1 K_2} s^2}$$

Gegenüber der Störgröße $p_3$ hat das System $DD^2$-$T_2$-Verhalten.

<u>Beispiel 10</u> : Übertragungsverhalten eines hydraulischen Stellgliedes mit mechanischer Rückführung.

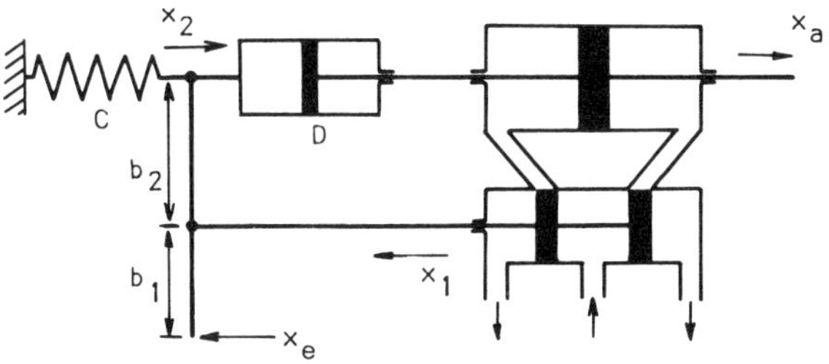


Bild 48 Hydraulisches Stellglied

In der Anordnung von Bild 48 sind die Eingangsgröße $x_e$ und die Ausgangsgröße $x_a$ ebenso wie die Hilfsgrößen $x_1$ und $x_2$ Weglängen. Der Hebel habe die Länge $b = b_1 + b_2$, die Federkonstante sei $C$ und die Dämpfungskonstante $D$; $K_{St}$ sei der gemeinsame Übertragungsbeiwert des Steuer- und des Stellzylinders.

Um das Übertragungsverhalten zu ermitteln, müssen die einzelnen Elemente getrennt untersucht werden. Man kann sich leicht überlegen, daß eine konstante Eingangsgröße $x_1$ am Steuerzylinder eine stetig wachsende Ausgangsgröße $x_a$ am Stellzylinder zur Folge haben muß. Demnach bilden beide Zylinder zusammen ein I-Glied mit der Übertragungsfunktion

$$F_{St}(s) = \frac{x_a(s)}{x_e(s)} = \frac{K_{St}}{s}$$

Die Kräfte, die im Feder-Dämpfungsglied der Rückführung wirksam sind, stehen miteinander im Gleichgewicht. Die Federkraft

$$F_C = C\Delta x_C$$

ist der Längenänderung $\Delta x_C$ proportional, die Dämpfungskraft

$$F_D = D\Delta\dot{x}_D$$

der Geschwindigkeit der Längenänderung $\Delta x_D$. Nach Bild 48 ist

$$\Delta x_C = x_2 \qquad \text{und} \qquad \Delta x_D = x_a - x_2$$

zu setzen. Wegen $F_D = F_C$ erhält man als Übertragungsfunktion der Rückführung

$$F_2(s) = \frac{x_2(s)}{x_a(s)} = \frac{\frac{D}{C}s}{1 + \frac{D}{C}s}$$

Es handelt sich um ein D-$T_1$-Glied.

Zur Untersuchung der Hebelbewegung denken wir uns zunächst das obere Ende festgehalten. Die Hilfsgröße $x_1$ nehme dann den Wert $x_{1e}$ an. Nach den Strahlensätzen ist

$$x_{1e} = \frac{b_2}{b}\, x_e$$

Entsprechend gilt, wenn das untere Ende festgehalten wird, für $x_1 = x_{12}$

$$x_{12} = -\frac{b_1}{b}\, x_2$$

Nach dem Überlagerungsprinzip können beide Anteile zusammengefaßt werden zu $x_1 = x_{1e} + x_{12}$ oder

$$x_1 = \frac{1}{b}\,(b_2x_e - b_1x_2)$$

Damit ergibt sich der Signalflußplan von Bild 49 und daraus die Übertragungsfunktion

$$F(s) = \frac{x_a(s)}{x_e(s)} = K\,\frac{1 + \frac{1}{T_n s}}{1 + T_1 s}$$

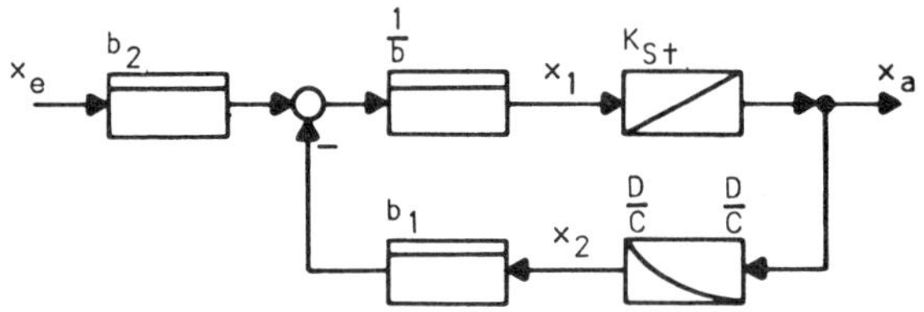


Bild 49 Signalflußplan des hydraulischen Stellgliedes

Es handelt sich um ein PI-$T_1$-Glied mit dem Proportionalbeiwert

$$K = \frac{b_2}{b_1 + \frac{bC}{DK_{St}}}$$

der Nachstellzeit

$$T_n = \frac{D}{C}$$

und der Zeitkonstanten

$$T_1 = \frac{1}{C/D + K_{St} b_1 / b}$$

Aufgabe 36 : In Bild 48 werden Feder und Dämpfungselement vertauscht. Gegeben sind die folgenden Werte:

$b_1 = 30$ cm $\quad b_2 = 20$ cm $\quad K_{St} = 10$/sec

$D = 100$ Nsec/cm $\quad C = 400$ N/cm

Es ist die Übertragungsfunktion des veränderten hydraulischen Stellgliedes zu bestimmen; alle Kenngrößen sind zu berechnen.

Beispiel 11 : Passives pneumatisches Übertragungsglied.

Es sollen der Signalflußplan und die Übertragungsfunktion des passiven pneumatischen Übertragungsgliedes von Bild 50 bestimmt werden. Eingangsgröße ist der Druck $p_1$ , Ausgangsgröße die Auslenkung $b$ .

Das System von Bild 50 besteht aus zwei gegeneinander gesetzten Faltenbälgen (mit den Innendrücken $p_1$ und $p_2$ , den Volumina $V_1$ und $V_2$ und den eingeschlossenen Luftmassen $m_1$ und $m_2$), einer Luftdrossel (Drosselbeiwert $K_D$) und einem Zusatz-Luftbehälter (mit dem Innendruck $p_2$ , dem

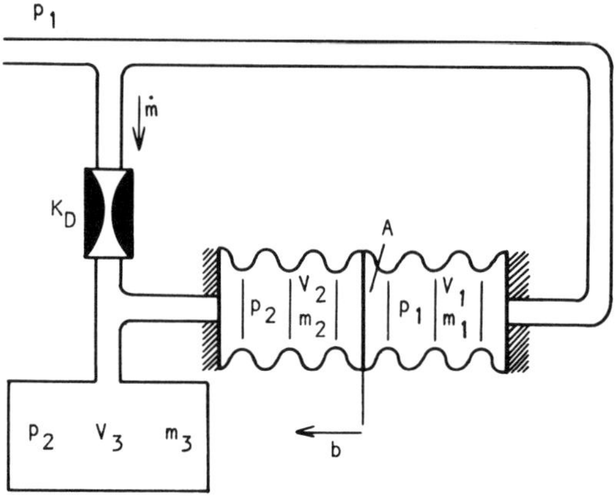


Bild 50 Passives pneumatisches Übertragungsglied

Volumen $V_3$ und der eingeschlossenen Luftmasse $m_3$).
Die Faltenbälge haben beide den gleichen (unveränderlichen) Querschnitt A. Die obere und die untere Deckfläche sind unbeweglich, nur die mittlere Trennfläche kann unter dem Einfluß der Innendrücke $p_1$ und $p_2$ ihre Lage ändern. Diesen Druckkräften wirkt die Federkraft der Bälge entgegen; ist C die gemeinsame Federkonstante beider Bälge, so gilt

$$A(p_1 - p_2) = Cb$$

Dem Differenzdruck $p_1 - p_2$ ist ferner der Luftmassenstrom

$$\dot{m} = K_D(p_1 - p_2)$$

proportional. Für die im zweiten Balg und im Zusatzbehälter eingeschlossene Luft gilt die Zustandsgleichung

$$p_2(V_2 + V_3) = (m_2 + m_3)\frac{RT}{M_1}$$

Dabei ist $R = 8{,}31 \cdot 10^3$ Wsec/(K·kMol)
die allgemeine Gaskonstante,

$$M_1 = 28{,}8$$

das mittlere Molekulargewicht der Luft und T die absolute

Temperatur. Wenn wir annehmen, daß der Wärmeaustausch mit der Umgebung sehr gut ist, können wir die Temperatur $T$ und damit die rechte Seite der Gleichung als konstant ansehen. Setzen wir zur Abkürzung

$$K_L = RT/M_1 \approx 84{,}4\ m^2/sec^2 \quad (\text{bei } T = 293\ K)$$

erhalten wir die Beziehung

$$m_2 + m_3 = \frac{1}{K_L}(V_2 + V_3)p_2$$

Diese Gleichung beschreibt an sich ein nichtlineares Verhalten, da sowohl $V_2 + V_3$ als auch $p_2$ veränderlich sind. Nimmt man jedoch an, daß das Volumen $V_3$ des Zusatzbehälters genügend groß ist, so kann man das gemeinsame Volumen

$$V_o = V_2 + V_3$$

von Zusatzbehälter und zweitem Balg näherungsweise als konstant ansehen. Die Gleichung

$$m_2 + m_3 = \frac{V_o}{K_L}\,p_2$$

ist dann linear. Da sich die Masse $m_2 + m_3$ durch den Zustrom $\dot{m}$ ändert, ergibt sich der Signalflußplan von Bild 51.

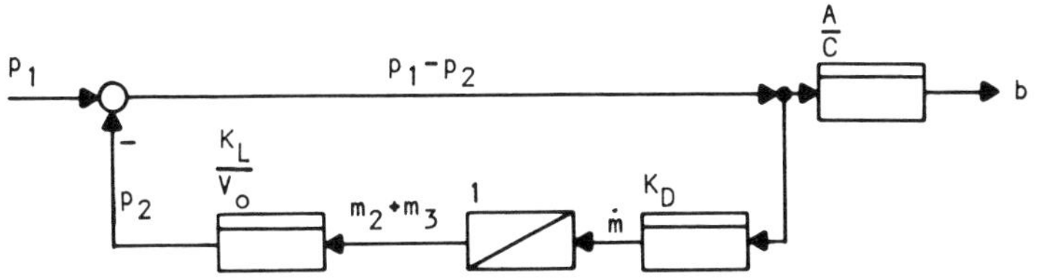


Bild 51 Signalflußplan des pneumatischen Übertragungsgliedes von Bild 50

Daraus ergibt sich die Übertragungsfunktion (D-$T_1$-Verhalten)

$$F(s) = \frac{b(s)}{p_1(s)} = \frac{\frac{AV_o}{CK_DK_L}s}{1 + \frac{V_o}{K_DK_L}s}$$

Aufgabe 37 : Im System von Beispiel 11 werden die Querschnitte der beiden Faltenbälge unterschiedlich gewählt ($A_1$ und $A_2$). Es ist die Übertragungsfunktion $F(s) = b(s)/p_1(s)$ zu ermitteln.

Beispiel 12 : Pneumatischer Regelverstärker.

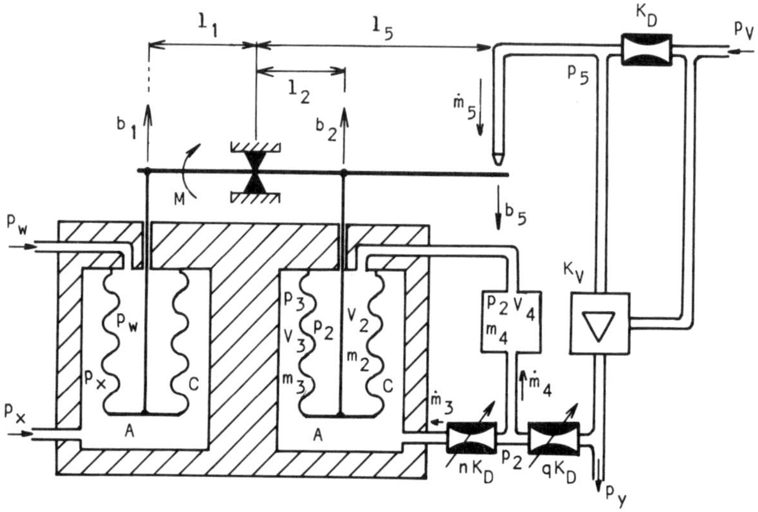


Bild 52 Pneumatischer Regelverstärker

Es sollen Signalflußplan und Übertragungsfunktion des pneumatischen Regelverstärkers von Bild 52 bestimmt werden. Eingangssignal ist der Differenzdruck (Regeldifferenz) $p_w - p_x$ zwischen Innendruck $p_w$ und Außendruck $p_x$ des linken Faltenbalges; Ausgangsgröße der Druck $p_y$ (Stellgröße).

Der Regelverstärker enthält zwei gleiche Differenzdruck-Faltenbälge mit den Querschnitten $A$ und den Federkostanten $C$ der Bälge. Auf ihre Grundflächen wirken jeweils die Differenzdrücke $p_w - p_x$ bzw. $p_2 - p_3$ zwischen Innen- und

Außenraum des betreffenden Balgs. Die Faltenbälge sind über einen Waagebalken mit verstellbarem Drehpunkt (Hebellängen $l_1$, $l_2$ und $l_5$) miteinander verbunden; sein rechtes Ende steuert ein Düse-Prallplatte-System, das über eine fest eingestellte Vordrossel mit dem Drosselbeiwert $K_D$ gespeist wird. Der Regelverstärker enthält außerdem ein Zusatzvolumen $V_4$, zwei verstellbare Luftdrosseln (Drosselbeiwerte $nK_D$ und $qK_D$) und einen Verstärker mit dem Proportionalbeiwert $K_V$; sein Ausgangsdruck

$$p_y = K_V p_5$$

ist dem Steuerdruck $p_5$ des Düse-Prallplatte-Systems proportional. Die Leistungsversorgung des Regelverstärkers erfolgt mit dem Druck $p_V$.

Der aus der Düse austretende Luft-Massenstrom $\dot{m}_5$ ist dem Abstand $b_5$ zwischen Düse und Prallplatte und dem Druck $p_5$ nahezu proportional

$$\dot{m}_5 \sim p_5 b_5$$

Diese Beziehung beschreibt ein nichtlineares Verhalten; nehmen wir jedoch an, daß der Druck sich nur geringfügig ändert, so können wir in der obigen Beziehung $p_5$ näherungsweise als konstant ansehen, so daß Proportionalität zwischen $p_5$ und $b_5$ besteht. Bezeichnen wir die Proportionalitätskonstante mit $K_5$, so gilt

$$\dot{m}_5 \approx K_5 b_5$$

Der Druckabfall

$$p_V - p_5 = \frac{1}{K_D} \dot{m}_5$$

ist ebenfalls dem Massenstrom $\dot{m}_5$ proportional.

Die Druckkraft des linken Faltenbalges erzeugt am Waagebalken ein Drehmoment

$$M_1 = - l_1 A(p_w - p_x)$$

Das entsprechende Moment des zweiten Faltenbalges ist im Frequenzbereich durch die Beziehung

$$M_2(s) = F_r(s) \cdot p_y(s)$$

gegeben. Dabei ist $F_r(s)$ die Übertragungsfunktion der Rück-

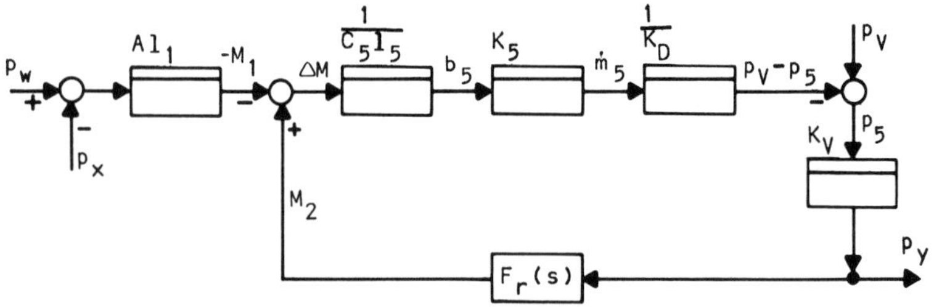


Bild 53 Vorläufiger Signalflußplan des pneumatischen Regelverstärkers

führung. Diesen Momenten wirken die Federkräfte der Faltenbälge entgegen. Sind $b_1$ und $b_2$ die entsprechenden Auslenkungen des Waagebalkens, so erzeugen die Bälge zusammen das Moment

$$C(l_1 \cdot b_1 + l_2 \cdot b_2) = C \frac{l_1^2 + l_2^2}{l_5} b_5 = C_5 l_5 b_5$$

mit

$$C_5 = \frac{l_1^2 + l_2^2}{l_5^2} C$$

Die Momente $M_1$ und $M_2$ halten ihm das Gleichgewicht

$$M_1 + M_2 = C_5 l_5 b_5$$

Damit ergibt sich der Signalflußplan von Bild 53.

Die Luft-Massenströme durch die Drosseln in der Rückführung sind den Druckdifferenzen proportional

$$\dot{m}_3 + \dot{m}_4 = qK_D(p_y - p_2)$$

und

$$\dot{m}_3 = nK_D(p_2 - p_3)$$

Für die Luftmassen $m_2 + m_4$ und $m_3$ ergibt sich aus den Zustandsgleichungen

$$m_2 + m_4 = \frac{M_1}{RT}(V_2 + V_4)p_2 \qquad \text{und} \qquad m_3 = \frac{M_1}{RT} V_3 p_3$$

Dabei ist die Bedeutung von M, R und T die gleiche wie im Beispiel 11. Wie dort nehmen wir an, daß die Temperatur T konstant ist; ferner sind bei kleinen Werten der Auslenkung $b_2$ die Volumina

$$V_2 + V_4 = V_{2o} \qquad \text{und} \qquad V_3 = V_{3o}$$

nahezu konstant. Damit wird

$$m_2 + m_4 = \frac{M_1}{RT} \cdot V_{2o} p_2 \qquad \text{und} \qquad p_3 = \frac{RT}{M_1 V_{3o}} \int \dot{m}_3 dt$$

Da der Luftstrom $\dot{m}_4$ der Luftmasse $m_2 + m_4$ zuströmt, gilt

$$m_2 + m_4 = \int \dot{m}_4 dt$$

oder

$$\dot{m}_4 = \frac{M_1}{RT} V_{2o} \dot{p}_2$$

Da die Druckkraft im rechten Faltenbalg das Moment

$$M_2 = l_2 A (p_2 - p_3)$$

erzeugt, ergibt sich für die Rückführung der Signalflußplan von Bild 54.

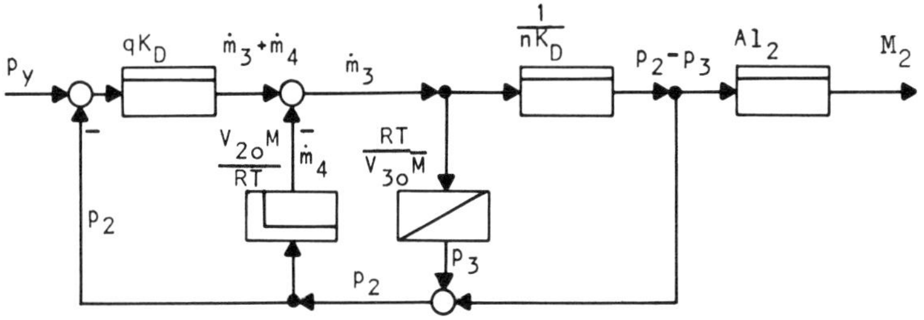


Bild 54 Signalflußplan der Rückführung im pneumatischen Regelverstärker

Aus dem Signalflußplan von Bild 53 ergibt sich zunächst die Übertragungsfunktion

$$F(s) = \frac{p_y(s)}{p_w(s) - p_x(s)} = \frac{Al_1 \dfrac{K_5 K_V}{K_D l_5 C_5}}{1 + \dfrac{K_5 K_V}{K_D l_5 C_5} F_r(s)}$$

Zur Ableitung der Übertragungsfunktion der Rückführung verlegt man im Signalflußplan von Bild 54 die Verzweigungsstelle im Signal $\dot{m}_3$ nach rechts (s. [2], Bild 62 d) und die zweite Additionsstelle nach links (s. [2], Bild 62 b); man erhält dann nach den bekannten Regeln

$$F_r(s) = \frac{M_2(s)}{p_y(s)} = \frac{qK_D s}{\frac{nqK_D^2 RT}{Al_2 V_{3o} M_1} + \frac{K_D}{Al_2}(n + q + n\frac{V_{2o}}{V_{3o}})s + \frac{V_{2o} M_1}{Al_2 RT} s^2}$$

Da das Düse-Prallplatte-System eine sehr hohe Verstärkung besitzt, ist die Übertragungsfunktion des Regelverstärkers im wesentlichen gleich der reziproken Übertragungsfunktion der Rückführung (s. [2], Abschn. 5.1). Damit wird

$$F(s) = \frac{p_y(s)}{p_w(s) - p_x(s)} \approx \frac{Al_1}{F_r(s)} =$$

$$= \frac{l_1}{l_2}\left[\frac{nK_D RT}{V_{3o} M_1}\frac{1}{s} + (1 + \frac{n}{q} + \frac{V_{2o}}{V_{3o}}) + \frac{V_{2o} M_1}{qK_D RT} s\right]$$

Der Regelverstärker hat näherungsweise PID-Verhalten.

## 1.6 Umformungen zwischen äquivalenten mathematischen Beschreibungen (Hinweise auf Beispiele und Aufgaben)

Das Verhalten linearer Übertragungsglieder wird in der Regel durch den Signalflußplan, die Zeitgleichung (Differentialgleichung), die Übertragungsfunktion (bzw. Frequenzgang) oder die Übergangsfunktion beschrieben. Umformungen zwischen diesen Darstellungsarten finden sich in diesem Hauptabschnitt :

Vom Signalflußplan zur Übertragungsfunktion :

In den Beispielen 2; 4 bis 7; 9 bis 12 sowie in den Aufgaben 1, 2; 10 bis 12; 33 bis 35.

Zwischen Zeitgleichung und Übertragungsfunktion :

In den Aufgaben 18 bis 23.

Von der Übertragungsfunktion zur Übergangsfunktion :

In den Aufgaben 16, 17; 18 bis 23.

## 2. Statische Dimensionierung von Regelkreisen

Unter dem statischen Verhalten eines Regelkreises versteht man das Verhalten nach Abklingen aller Einschwingvorgänge (s. [2], Abschn. 2.1). In der statischen Berechnung werden die Arbeitspunkte der einzelnen Übertragungsglieder festgelegt; sie ist im allgemeinen der erste Schritt bei der Dimensionierung einer Regeleinrichtung.

Beispiel 13 : Regelung einer Vorlauftemperatur.

Eine von der Außentemperatur $\vartheta_a$ (in Störgrößenaufschaltung) gesteuerte Vorlauftemperaturregelung für eine Warmwasserheizung hat den Signalflußplan von Bild 55.

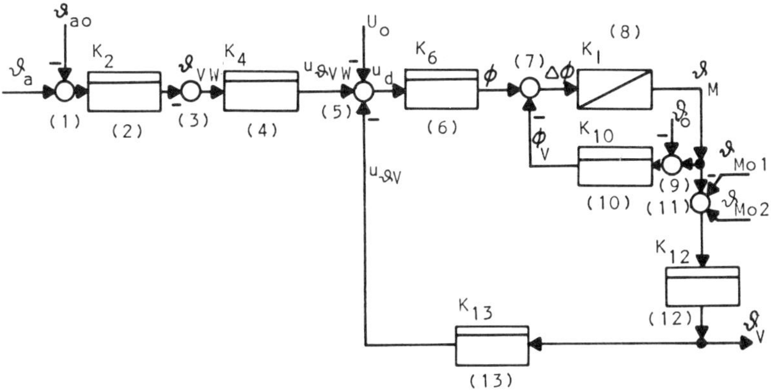


Bild 55 Signalflußplan einer Vorlauftemperaturregelung

Dabei sind :

- $\vartheta_a$ die Außentemperatur (Temperaturen in der
- $\vartheta_v$ die Vorlauftemperatur Celsius-Skala)
- $\vartheta_{vw}$ der Sollwert der Vorlauftemperatur
- $u_{\vartheta_v}$ zu $\vartheta_v$ proportionale Spannung
- $u_{\vartheta_{vw}}$ zu $\vartheta_{vw}$ proportionale Spannung
- $\phi$ Wärmestrom zum thermohydraulischen Stellmotor

$\vartheta_M$ Temperatur des Stellmotors
$\vartheta_o$ Temperatur der Umgebung des Stellmotors (Kesselraumtemperatur)
$\phi_V$ Verlustwärmestrom des Stellmotors
$\vartheta_{ao}$, $\vartheta_{Mo1}$, $\vartheta_{Mo2}$ und $U_o$ Justierungs-Grundwerte

Die numerierten Blöcke und Additionsstellen im Signalflußplan von Bild 55 geben die folgenden Funktionen der Anlage wieder :

1 bis 4 : Aus der Außentemperatur $\vartheta_a$ wird die Spannung $u_{\vartheta vw}$ gebildet, die dem Sollwert $\vartheta_{vw}$ proportional ist.

5 : Sollwert-Istwert-Vergleich

6 : Der Regelverstärker gibt die elektrische Heizleistung $P_{el}$ (gleich dem Wärmestrom $\phi$) frei, die proportional der Regeldifferenz $u_d$ ist.

7 und 8 : Der Wärmestrom $\phi$ - vermindert um den Verlust-Wärmestrom $\phi_V$ - erwärmt den Stellmotor auf die Temperatur $\vartheta_M$ (s. Beispiele 5 und 6).

9 und 10 : Der Verlustwärmestrom $\phi_V$ ist der Übertemperatur $\vartheta_M - \vartheta_o$ proportional.

11 : Eingabe der Grundwerte

12 : **Über die Temperatur $\vartheta_M$ des Stellmotors wird das Mischventil verstellt und damit das Mischungsverhältnis zwischen den Wasserströmen aus dem Kessel-**
13 **vorlauf und dem Anlagenrücklauf verändert.** Dadurch wird die Wassertemperatur $\vartheta_V$ des Anlagenvorlaufs beeinflußt.
Diese Temperatur wird elektrisch gemessen und somit eine ihr proportionale Spannung $u_{\vartheta V}$ erzeugt.

Die Anlage soll in einem Temperaturbereich arbeiten, der in Bild 56 durch den stark ausgezogenen Teil der Kennlinie gekennzeichnet ist. Dieser verläuft zwischen dem sogenannten Winterpunkt $W_1$ und dem Sommerpunkt $S_1$ ; der Verlauf sei geradlinig.

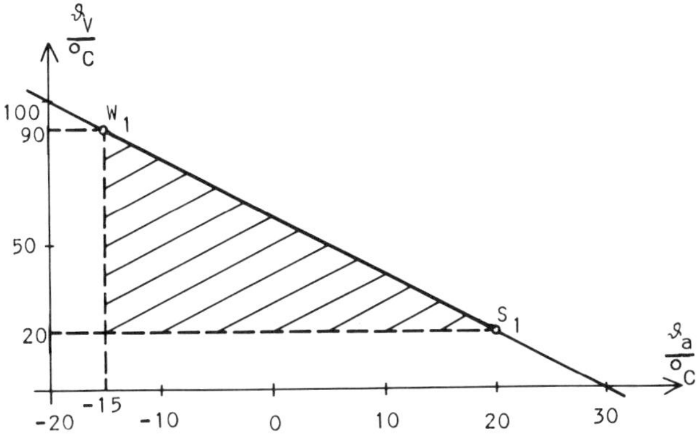


Bild 56 Kennlinie der Vorlauftemperaturregelung von Beispiel 13

Gegeben seien die Daten :

Kreisverstärkung $K_o = 19$ (s. [2], Abschn. 2.1)

Proportionalbeiwert des Istwertfühlers

$$K_{13} = 0{,}1\ V/K$$

Maximale Änderung $\phi_h$ der Heizleistung **(Stellbereich)**

$$\phi_h = 28\ W$$

Proportionalbeiwert der Wärmeisolierung des Stellmotors

$$K_{1o} = 0{,}2\ W/K$$

Zu ermitteln sind :

a) Die Führungsübertragungsfunktion

$$F_w(s) = \Delta\vartheta_v(s)/\Delta\vartheta_a(s)$$

b) Die Proportionalbeiwerte $K_2$, $K_4$, $K_6$ und $K_{12}$. Sie sind so zu bestimmen, daß die durch Änderung der Führungsgröße $\vartheta_{vw}$ entstehende Regeldifferenz kompensiert wird.

c) Die bei der Kesselraumtemperatur $\vartheta_o = 30^\circ$ C erforderlichen Justierungs-Grundwerte.

a) Nach den bekannten Regeln ergibt sich aus dem Signalflußplan von Bild 56 die Führungsübertragungsfunktion

$$F_w(s) = \frac{\Delta\vartheta_v(s)}{\Delta\vartheta_a(s)} = - \frac{\dfrac{K_2K_4K_6K_{12}}{K_6K_{12}K_{13} + K_{1o}}}{1 + \dfrac{s}{K_I(K_6K_{12}K_{13} + K_{1o})}}$$

b) Aus der Kennlinie von Bild 56 läßt sich entnehmen, daß eine Änderung $\Delta\vartheta_a = 35$ K der Außentemperatur in der Vorlauftemperatur eine Änderung $\Delta\vartheta_v = -70$ K bewirken soll. Da die Vorzeichenumkehr (3) außerhalb des Blockes (2) liegt, folgt

$$K_2 = 70\ \mathrm{K}/35\ \mathrm{K} = 2$$

Der statische Verstärkungsfaktor zwischen Sollwert $\vartheta_{vw}$ und Istwert $\vartheta_v$ der Vorlauftemperatur soll gleich 1 werden

$$\frac{K_4K_6K_{12}}{K_6K_{12}K_{13} + K_{1o}} = 1 \qquad (6)$$

Aus der Kreisübertragungsfunktion

$$F_o(s) = \frac{K_6K_{12}K_{13}/K_{1o}}{1 + s/(K_IK_{1o})}$$

erhält man für $s = 0$ die Kreisverstärkung

$$K_o = K_6K_{12}K_{13}/K_{1o}$$

Damit wird

$$K_6K_{12} = \frac{K_oK_{1o}}{K_{13}} = \frac{19 \cdot 1\ \mathrm{W} \cdot 10\ \mathrm{K}}{5\ \mathrm{K} \cdot 1\ \mathrm{V}} = 38\ \mathrm{A} \qquad (7)$$

Zusammen mit Gl. (6) ergibt sich

$$K_4 = \frac{K_6K_{12}K_{13} + K_{1o}}{K_6K_{12}} = 0{,}105\ \mathrm{V/K}$$

Mit diesem Wert verschwindet die durch Änderungen der Führungsgröße verursachte Regeldifferenz.

Zur Bestimmung des Proportionalbeiwertes $K_6$ berechnen wir zunächst die Führungsübertragungsfunktion der Regeldifferenz

$$F_d(s) = \frac{\Delta u_d(s)}{\Delta u_{\vartheta vw}(s)} = \frac{K_IK_{1o} + s}{K_IK_{1o} + K_IK_6K_{12}K_{13} + s}$$

Für $s = 0$ wird

$$F_d(0) = \frac{1}{1 + K_6K_{12}K_{13}/K_{1o}} = \frac{1}{1 + K_o} = r = 0{,}05$$

wobei r der Regelfaktor nach [2], Abschn. 2.1. ist.
Somit gilt statisch

$$\Delta u_d = r \, \Delta u_{\vartheta vw}$$

und

$$K_6 = \frac{\Delta\phi}{\Delta u_d} = \frac{\Delta\phi}{r \, \Delta u_{\vartheta vw}} = \frac{\Delta\phi}{r K_4 \Delta\vartheta_{vw}}$$

Setzen wir für $\Delta\phi$ und $\Delta\vartheta_{vw}$ ihre maximalen Änderungen $\phi_h = 28$ W und 70 K (nach Bild 56) ein, so erhalten wir

$$K_6 = 72 \text{ A}$$

und nach Gl. ( 7 )

$$K_{12} = 0{,}5$$

c) Um den Signalflußplan überschaubarer zu machen, sind die Grundwerte $\vartheta_{ao}$, $\vartheta_{Mo1}$ und $\vartheta_{Mo2}$ in Bild 56 als Temperaturen dargestellt. Tatsächlich wird $\vartheta_{ao}$ in Form einer Spannung an der Additionsstelle (5) eingeführt; $\vartheta_{Mo1}$ wird als Nullpunktsverschiebung im Stellwinkel des Mischventils berücksichtigt. Die Grundwerte $\vartheta_{Mo2}$ und $U_o$ seien hier null (sie werden erst in der folgenden Aufgabe 38 benötigt).

Verlängert man die Kennlinie von Bild 56 über den Arbeitsbereich der Regelung hinaus, so wird die Vorlauftemperatur $\vartheta_v = 0^\circ$ C bei der Außentemperatur $\vartheta_a = +\,30^\circ$ C erreicht. Als Grundwert der Außentemperatur $\vartheta_a$ ist demnach

$$\vartheta_{ao} = 30 \text{ K}$$

zu wählen; damit ist ein Punkt der Kennlinie festgelegt. Das Steigungsmaß der Kennlinie wurde bereits durch Festlegen des Proportionalbeiwertes $K_4$ eingestellt.
Um den Einfluß der Kesselaußentemperatur $\vartheta_o = 30^\circ$ C aufzuheben, ist ein Grundwert

$$\vartheta_{Mo1} = 30 \text{ K}$$

erforderlich.

Die weitere Berechnung sei als Aufgabe gestellt (Aufg. 38)

<u>Aufgabe 38</u> : Regelung einer Vorlauftemperatur (Fortsetzung).

Für die im Beispiel 13 behandelte Regelung sind
a) eine Tabelle der stationären Werte der Größen $\vartheta_a - \vartheta_{ao}$,

$\vartheta_{vw}$ , $u_{\vartheta vw}$ , $\vartheta_v$ , $u_{\vartheta v}$ , $u_d$ , $\phi$ , $\vartheta_M$ und $\phi_V$ für die Außentemperaturen $\vartheta_a$ = - 15° C, 0° C und + 20° C aufzustellen. Dabei ist zunächst anzunehmen, daß die Vorlauftemperatur $\vartheta_v$ ihren Sollwert vollständig erreicht. Der Wert der maximalen Änderung $\phi_h$ der Heizleistung für den Stellmotor dient zur Kontrolle der Richtigkeit dieser Annahme und der Ergebnisse.

b) die Grundwerte $U_o$ und $\vartheta_{Mo2}$ so zu bestimmen, daß die Heizleistung $\phi$ im Sommerpunkt $S_1$ null wird.

c) für diese Grundwerte eine Tafel wie unter a) aufzustellen

d) die Konstanten des Signalflußplanes so zu verändern, daß die geradlinige Kennlinie durch
den Sommerpunkt $S_2$ $\vartheta_a$ = + 10° C , $\vartheta_v$ = 20° C und durch
den Winterpunkt $W_2$ $\vartheta_a$ = - 25° C , $\vartheta_v$ = 90° C

verläuft (nächtliche Absenkung der Vorlauftemperatur). Dabei soll auch die unter b) gestellte Forderung verwirklicht sein.

e) die Konstanten des Signalflußplanes so zu verändern, daß die (geradlinige) Kennlinie durch
den Sommerpunkt $S_3$ $\vartheta_a$ = + 20° C , $\vartheta_v$ = 20° C und durch
den Winterpunkt $W_3$ $\vartheta_a$ = - 15° C , $\vartheta_v$ = 83° C

verläuft (Schwenkung der Kennlinie bei einer überdimensionierten Heizungsanlage). Auch hier soll die Forderung von Aufg. b) erfüllt werden.

Aufgabe 39 : Drehzahlregelung eines Gleichstrommotors.

Bild 57 zeigt den Signalflußplan einer Drehzahlregelung mit unterlagerter Ankerstromregelung. Regelgröße ist die Winkelgeschwindigkeit $\omega$ des Motors, die der Drehfrequenz (Drehzahl) proportional ist. Die Formelzeichen i , $M_i$ , $M_L$ , $M_B$ und $u_{qM}$ haben die gleiche Bedeutung wie im Beispiel 2. Ferner sind:

$\omega_w$ der Sollwert der Winkelgeschwindigkeit

$u_\omega$, $u_{\omega w}$ und $u_i$ zur Winkelgeschwindigkeit $\omega$ , zum Sollwert $\omega_w$ und zum Strom i proportionale

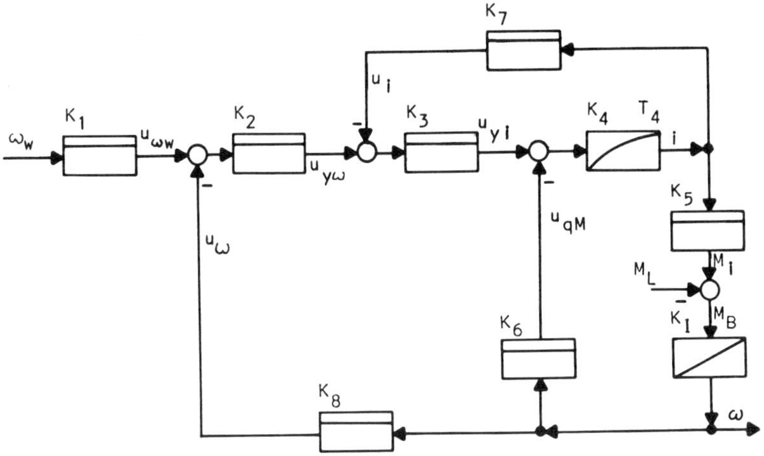


Bild 57 Signalflußplan der Drehzahlregelung von Aufgabe 39

Spannungen

$u_{yi}$ und $u_{y\omega}$ Ausgangsspannungen (Stellgrößen) des Stromreglers **(einschl. Leistungsteil) bzw. des Drehzahlreglers.**

Drehzahlregler und Stromregler sollen hier P-Regler mit relativ geringen Verstärkungen $K_2$ und $K_3$ sein. (In der Praxis werden meist PI-Regler verwendet.) Die Bedeutung der übrigen Blöcke ergibt sich aus dem Vergleich mit Beispiel 2. Gegeben seien die Proportionalbeiwerte

$K_3 = 25$ $K_4 = 1$ A/V $K_6 = 2$ Vsec

$K_7 = 1$ V/A $K_8 = 0{,}1$ Vsec

sowie die Kreisverstärkung $K_o = 24$

a) Welche physikalische Bedeutung haben die Konstanten $K_4$, $T_4$, $K_5$, $K_I$ und $K_6$? Welchen Wert hat die Konstante $K_5$?

Ferner sind zu bestimmen :

b) Der Proportionalbeiwert $K_2$ des Drehzahl-Regelverstärkers

c) Der Proportionalbeiwert $K_1$. Dabei soll die durch Änderungen der Führungsgröße $\omega_w$ verursachte Regeldifferenz kompensiert werden.

d) der Störübertragungsbeiwert $F_z(0) = \frac{\Delta\omega(0)}{\Delta M_L(0)}$

e) die stationären Werte der Größen $u_{\omega w}$, $\omega$, $u_\omega$, $u_{y\omega}$, $M_i$, $M_B$, $i$, $u_i$, $u_{yi}$ und $u_{qM}$ beim Sollwert $\omega_w = 100/\text{sec}$ und beim Lastmoment $M_L = 20$ Nm .

## 3. Analyse und Synthese von Regelkreisen

Beispiel 14: Das Führungsverhalten einer Spannungs-Folgeregelung ist zu untersuchen.

Die Regelung erfolgt mit einem Servomotor, dessen Umdrehungsfrequenz der Differentialgleichung

$$n_M + T_M \dot{n}_M = K_M u_y$$

gehorcht. Dabei ist $u_y$ die Eingangsspannung des Motors (Stellgröße); $K_M = 5\ \text{min}^{-1}\text{V}^{-1}$ und $T_M = 0{,}25$ sec seien der Proportionalbeiwert und die Zeitkonstante des Motors.

Über ein Getriebe und ein Potentiometer stellt der Motor die Ausgangsspannung $u_x$ (Regelgröße) ein. Ihr Zusammenhang mit der Umdrehungsfrequenz $n_M$ des Motors wird durch die Gleichung

$$\dot{u}_x = K_G n_M$$

beschrieben. Dabei sei $K_G = 1{,}2$ V der Übertragungsbeiwert des Getriebes. Wird nun der Regelkreis über Vergleicher und Regelverstärker geschlossen, so ergibt sich der Signalflußplan vom Bild 58.

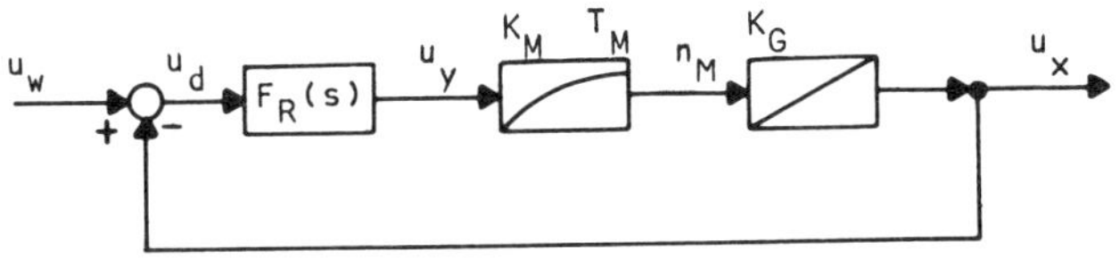


Bild 58 Signalflußplan einer Spannungs-Folgeregelung

Das Führungsverhalten wird beschrieben durch die Führungsübertragungsfunktion

$$F_w(s) = \frac{u_x(s)}{u_w(s)} = \frac{F_o(s)}{1 + F_o(s)}$$

Dabei ist $F_o(s)$ die Kreisübertragungsfunktion (s. [1], Abschn. 2.7) des Regelkreises.

Zunächst untersuchen wir das Verhalten der Regelung bei Verwendung eines P-Reglers. Der Übertragungsbeiwert des Regelverstärkers sei $K_P = 10$

Gesucht werden die Sprung- und die Anstiegsantwort des Führungsverhaltens; ferner soll in beiden Fällen die bleibende Abweichung bestimmt werden.

Bei Regelung mit einem P-Regler wird die Kreisübertragungsfunktion

$$F_o(s) = K_P \cdot \frac{K_M}{1 + T_M s} \cdot \frac{K_G}{s} = \frac{K_P K_M K_G}{s(1 + T_M s)}$$

Damit erhält man für die Führungsübertragungsfunktion

$$F_w(s) = \frac{1}{1 + \frac{1}{K_P K_M K_G} s(1 + T_M s)}$$

oder nach Einsetzen der Werte

$$F_w(s) = \frac{1}{1 + 1\,\mathrm{sec} \cdot s + 0{,}25\,\mathrm{sec}^2 \cdot s^2}$$

Durch Vergleich mit der Normalform

$$F(s) = \frac{1}{1 + 2\vartheta \frac{s}{\omega_o} + \frac{s^2}{\omega_o^2}}$$

der Übertragungsfunktion eines $T_2$-Gliedes erhält man die

Kennkreisfrequenz $\omega_o = 2\,\mathrm{sec}^{-1}$

und den Dämpfungsgrad $\vartheta = 1$

Demnach liegt hier der aperiodische Grenzfall vor. Die Führungsübertragungsfunktion ist dann ein vollständiges Quadrat und läßt sich schreiben

$$F_w(s) = \frac{1}{(1 + 0{,}5\,\mathrm{sec} \cdot s)^2}$$

Die Zeitfunktion der Sprungerregung hat die Form

$$u_w(t) = U_{wo}\,\varepsilon(t)$$

Dabei sei die Sprunghöhe $U_{wo} = 2\,V$ ; $\varepsilon(t)$ ist die Zeitfunktion des Einheitssprunges (s. [2], Gl. (9)). Nach Laplace-Korrespondenz Nr. 3 folgt

$$u_w(s) = \frac{U_{wo}}{s} \qquad \text{und}$$

$$u_x(s) = F_w(s)u_w(s) = \frac{U_{wo}}{s(1 + 0{,}5\ \mathrm{sec}\cdot s)^2} = \frac{4U_{wo}}{s(s + 2/\mathrm{sec})^2}$$

Bei Transformation in den Zeitbereich ergibt sich nach Korrespondenz Nr. 18

$$u_x(t) = 2\ \mathrm{V}\left[1 - (1 + 2t/\mathrm{sec})e^{-2t/\mathrm{sec}}\right]$$

Den Verlauf dieser Sprungantwort zeigt Bild 59.

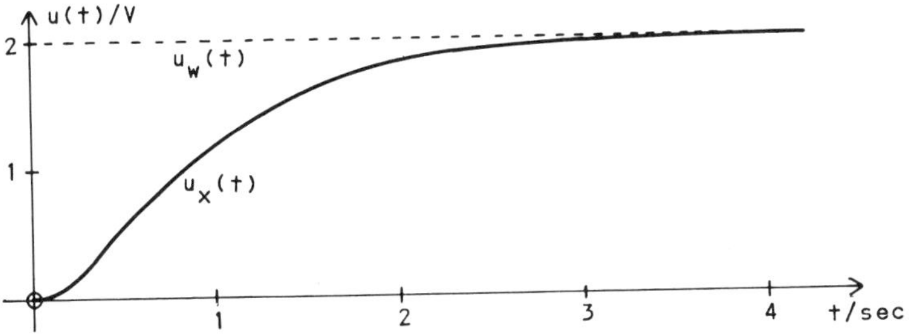


Bild 59 Sprungantwort des Führungsverhaltens bei Regelung mit P-Regler

Nach genügend langer Zeit ($t \to \infty$) strebt $u_x(t)$ gegen $U_{wo}$. Demnach gibt es keine bleibende Abweichung.

Zur Bestimmung der <u>Anstiegsantwort</u> muß die Führungsgröße nach der Zeitfunktion

$$u_w(t) = \frac{U_{wo}}{T_r}\, r(t)$$

verlaufen. Dabei ist

$$r(t) = \begin{cases} 0 & \text{für } t \leqq 0 \\ t & \text{für } t > 0 \end{cases}$$

die Anstiegsfunktion (s. [2] Gl. (12)). $T_r$ ist die Anstiegszeit; sie sei mit

$$T_r = 2\ \mathrm{sec}$$

angenommen.

Nach Korrespondenz Nr. 4 wird

$$u_w(s) = \frac{U_{wo}}{T_r}\,\frac{1}{s^2}$$

und

$$u_x(s) = F_w(s)u_w(s) = \frac{4\ \mathrm{V/sec}}{s^2(s + 2/\mathrm{sec})^2}$$

Durch Transformation in den Zeitbereich ergibt sich nach Korrespondenz Nr. 19

$$u_x(t) = 1\,V\left[\frac{t}{sec} - 1 + \left(1 + \frac{t}{sec}\right) e^{-2t/sec}\right]$$

Den Verlauf dieser Anstiegsantwort zeigt Bild 60. Es gibt eine bleibende Abweichung

$$\left[u_x(t) - u_w(t)\right]_{t \to \infty} = -1\,V$$

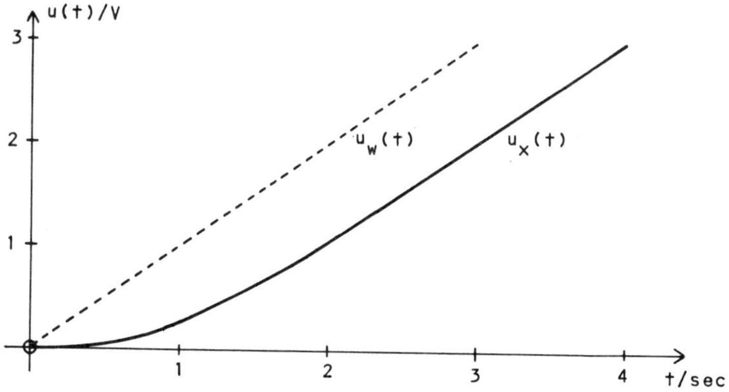


Bild 60 Anstiegsantwort des Führungsverhaltens bei Regelung mit P-Regler

Jetzt soll noch untersucht werden, inwieweit sich das Führungsverhalten durch Verwendung eines PI-Reglers verbessern läßt. Mit der Übertragungsfunktion

$$F_R(s) = K_P\left(1 + \frac{1}{T_n s}\right)$$

des Regelverstärkers ergibt sich die Kreisübertragungsfunktion

$$F_o(s) = K_P\left(1 + \frac{1}{T_n s}\right) \frac{K_M K_G}{s(1 + T_M s)} = \frac{K_P K_M K_G (1 + T_n s)}{T_n s^2 (1 + T_M s)}$$

und die Führungsübertragungsfunktion

$$F_w(s) = \frac{F_o(s)}{1 + F_o(s)} = \frac{1 + T_n s}{1 + T_n s + \frac{T_n}{K_P K_M K_G} s^2 + \frac{T_n T_M}{K_P K_M K_G} s^3}$$

Daneben betrachtet man zweckmäßig die <u>Führungsübertragungsfunktion der Regeldifferenz</u>

$$F_d(s) = \frac{u_w(s) - u_x(s)}{u_w(s)} = 1 - F_w(s) =$$

$$= \frac{T_n s^2(1 + T_M s)}{K_P K_M K_G(1 + T_n s + \frac{T_n}{K_P K_M K_G} s^2 + \frac{T_n T_M}{K_P K_M K_G} s^3)}$$

Nach dem Hurwitz-Kriterium (s. [2], Abschn. 2.6) ist der Kreis stabil, wenn $T_n > T_M$ ist; es sei daher

$$T_n = 2 \text{ sec}$$

gewählt. Auf die Berechnung von Sprung- und Anstiegsantwort sei wegen des Umfangs an dieser Stelle verzichtet; sie sind im Bild 61 dargestellt. Die Frage, ob eine bleibende Abweichung auftritt, läßt sich bereits mit den Grenzwertsätzen beantworten. Da die Übertragungsfunktion $F_d(s)$ für $s \to 0$ verschwindet, muß die Sprungantwort der Regeldifferenz $u_d(t) = u_w(t) - u_x(t)$ nach genügend langer Zeit ($t \to \infty$) gegen null streben; die Sprungantwort zeigt also keine bleibende Abweichung.

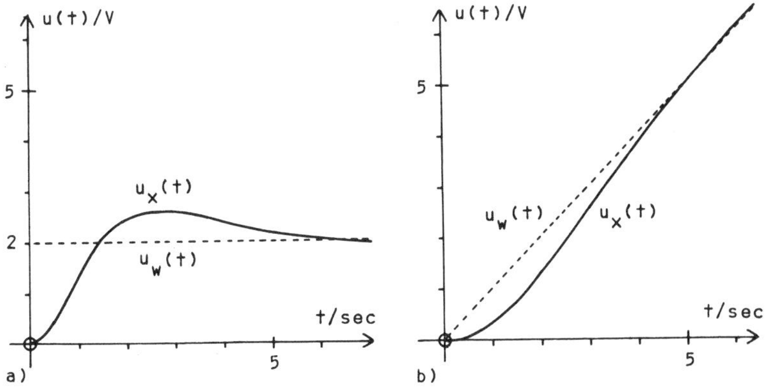


Bild 61 Sprungantwort (a) und Anstiegsantwort (b) des Führungsverhaltens bei Regelung mit PI-Regler

Die Anstiegsfunktion $r(t)$ ist das Zeitintegral der Sprungfunktion $\varepsilon(t)$; im Frequenzbereich läßt sich diese Integration durch Division durch $s$ wiedergeben. Da nun auch noch $F_d(s)/s$ für $s \rightarrow 0$ verschwindet, strebt auch die Anstiegsantwort $u_d(t) \longrightarrow 0$ für $t \rightarrow \infty$. Demnach gibt es auch bei der Anstiegsantwort keine bleibende Abweichung; der PI-Regler zeigt sich hier dem P-Regler überlegen.

Beispiel 15: Eine Totzeitstrecke mit dem Übertragungsbeiwert 1 und der Totzeit $T_t = 1$ sec werde mit einem P-Regler (Proportionalbeiwert $K_P$) geregelt. Gesucht wird die Sprungantwort des Führungsverhaltens, wenn die Sprunghöhe der Führungsgröße mit 1 angenommen wird

$$w(t) = 1 \cdot \varepsilon(t)$$

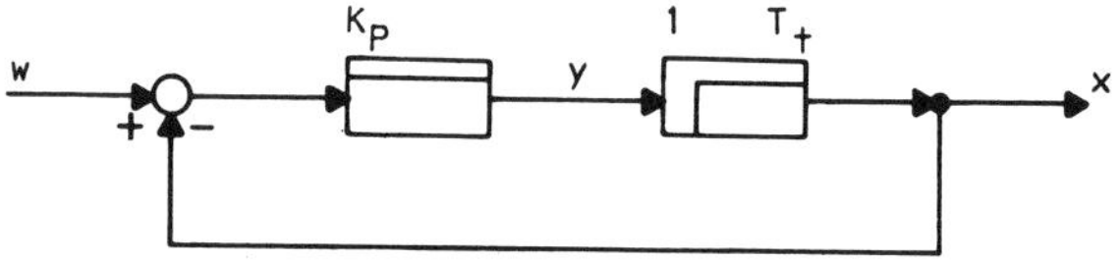


Bild 62 Signalflußplan zum Beispiel 15

Die Kreisübertragungsfunktion ist dann (s. [1], Abschn. 3.2.2)

$$F_o(s) = K_P e^{-sT_t}$$

und damit der komplexe Frequenzgang des offenen Regelkreises

$$F_o(j\omega) = K_P e^{-j\omega T_t}$$

Dieser ist als Nyquist-Diagramm im Bild 63 a aufgetragen; die Ortskurve stellt einen Kreis um den Nullpunkt mit dem Radius $K_P$ dar. Der kritische Punkt $-1$ wird dann nicht umschlossen, wenn

$$K_P < 1$$

ist, in diesem Fall ist der Regelkreis stabil.

Die Sprungantwort $x(t)$ muß schrittweise ermittelt werden.

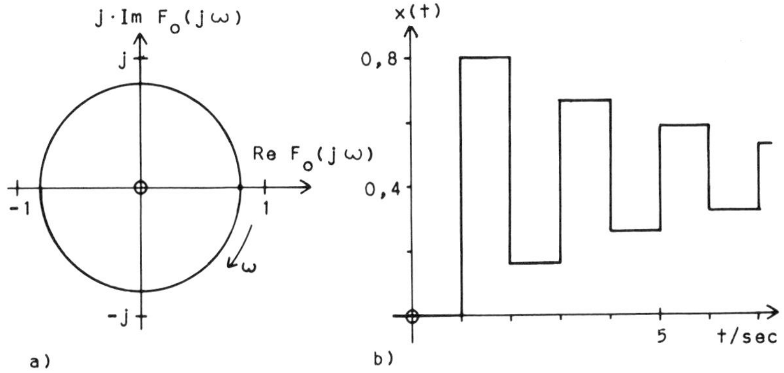


Bild 63 Nyquist-Diagramm (a) und Sprungantwort des Führungsverhaltens (b) des Regelkreises von Bild 62

Für $0 < t \leqq T_t$ ist $x = 0$ (das Signal hat die Totzeitstrecke noch nicht durchlaufen)

für $T_t < t \leqq 2T_t$ ist $x = K_P$ (das Signal $w(t) = 1 \cdot \varepsilon(t)$ hat die Totzeitstrecke durchlaufen, das zurückgeführte Signal ist jedoch am Ausgang noch nicht wirksam geworden)

für $2T_t < t \leqq 3T_t$ ist $x = K_P - K_P^2$ (Während des vorhergehenden Zeitabschnitts lagen am Eingang die Führungsgröße $w = 1$ und die Regelgröße $x = K_P$. Die Differenz erscheint jetzt am Ausgang)

für $3T_t < t \leqq 4T_t$ ist $x = K_P - K_P^2 + K_P^3$ usw.

Für $K_P = 0,8$ ist dieser Verlauf in Bild 63 b dargestellt.

Die Regelgröße $x$ strebt für $t \rightarrow \infty$ dem Endwert

$$\sum_{n=1}^{\infty} (-1)^{n-1} K_p^n = \frac{K_P}{1 + K_P} = \frac{0,8}{1 + 0,8} = 0,444$$

zu.

Beispiel 16 : Es ist eine Regelstrecke mit der Übertragungsfunktion

$$F_S(s) = \frac{x(s)}{y(s)} = \frac{10/\text{sec}}{s(1 + 1\ \text{sec}\cdot s + 1\ \text{sec}^2 \cdot s^2)}$$

gegeben. Sie soll zuerst mit einem P-Regler, dann mit einem PI-Regler geregelt werden. Mittels der Grenzwertsätze soll jeweils das Führungsverhalten untersucht werden.

Es handelt sich um eine I-$T_2$-Strecke mit der Kennkreisfrequenz $\omega_o$ = 1/sec und dem Dämpfungsgrad $\vartheta$ = 0,5. Den P-Regler wollen wir so dimensionieren, daß ein Amplitudenrand von mindestens 6 dB und ein Phasenrand von mindestens 30° eingehalten werden. Dazu ist zunächst das Bode-Diagramm der Strecke zu konstruieren. Da Schwingverhalten vorliegt ($\vartheta < 1$), ist das Bode-Diagramm des $T_2$-Anteils aus [1], Bild 50 und 51 zu entnehmen; addiert man dann das Bode-Diagramm des I-Anteils hinzu, ergeben sich die Kurven $F_S$, $\varphi_S$ von Bild 64.

Der Proportionalbeiwert $K_P$ des Regelverstärkers muß aus der Bedingung für den Amplitudenrand $\varepsilon$ bestimmt werden. (Wir werden sehen, daß dann auch die Phasenrandbedingung erfüllt ist.) Bei der Kreisfrequenz $\omega_\varepsilon$ = 1/sec wird der Phasenwinkel $\varphi_o = \varphi_S = -180°$; bei $\omega_\varepsilon$ ist

$F_S = |F_S(j\omega)| \mathrel{\hat{=}} 20$ dB; um die Bedingung $F_o \mathrel{\hat{\leqq}} -6$ dB gerade noch zu erfüllen, muß wegen $F_o = F_S F_R$

$$F_R = K_P = 0{,}05 \mathrel{\hat{=}} -26\ \text{dB}$$

gewählt werden. Somit ergibt sich das Bode-Diagramm $F_o$, $\varphi_o$ des offenen Regelkreises (Bild 64). Die Amplitude $F_o$ erreicht den Wert 0 dB bei der Kreisfrequenz $\omega_\delta$ = 0,56/sec, dort ist $\varphi_o = \varphi_S = -130°$. Der Ergänzungswinkel zu $-180°$

$$\delta = -130° + 180° = 50°$$

ist der Phasenrand. Er ist größer als der geforderte Wert (30°), so daß auch diese Bedingung erfüllt ist.

Damit erhalten wir die Kreisübertragungsfunktion

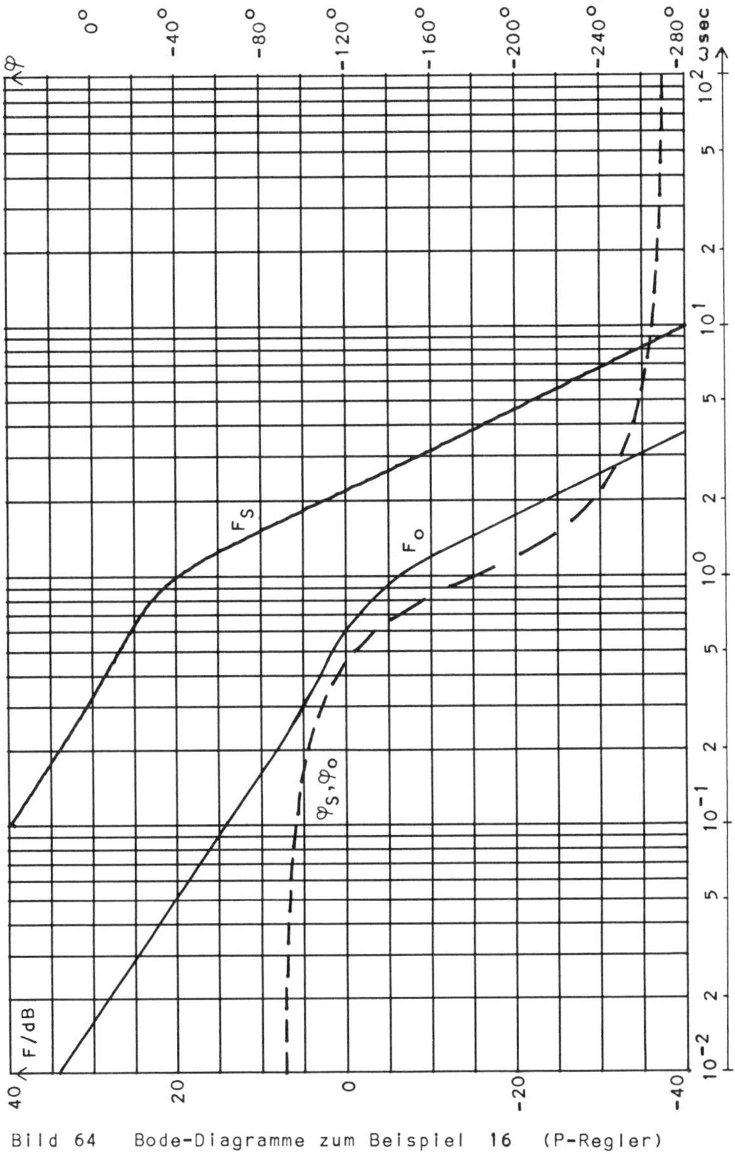


Bild 64 Bode-Diagramme zum Beispiel 16 (P-Regler)

$$F_o(s) = K_P F_S(s) = \frac{0{,}5/\text{sec}}{s(1 + 1\ \text{sec}\cdot s + 1\ \text{sec}^2\cdot s^2)}$$

und die Führungsübertragungsfunktion

$$F_w(s) = \frac{F_o(s)}{1 + F_o(s)} = \frac{1}{1 + 2\ \text{sec}\cdot s + 2\ \text{sec}^2\cdot s^2 + 2\ \text{sec}^3\cdot s^3}$$

Außerdem ziehen wir - wie im Beispiel **14** - die Führungsübertragungsfunktion der Regeldifferenz zur Untersuchung heran

$$F_d(s) = 1 - F_w(s) = 2\ \frac{1\ \text{sec}\cdot s + 1\ \text{sec}^2\cdot s^2 + 1\ \text{sec}^3\cdot s^3}{1 + 2\ \text{sec}\cdot s + 2\ \text{sec}^2\cdot s^2 + 2\ \text{sec}^3\cdot s^3}$$

Da $F_d(s)$ für $s \longrightarrow 0$ verschwindet, strebt die Sprungantwort $x_d(t)$ der Regeldifferenz statisch (d. h. für $t \rightarrow \infty$) gegen null; im Sprungverhalten gibt es also keine bleibende Abweichung.

Der Quotient $F_d(s)/s$ strebt dagegen für $s \longrightarrow 0$ dem endlichen Wert 2 zu. Wenn daher die Führungsgröße das Zeitverhalten

$$w(t) = \frac{W_o}{T_r}\ r(t)$$

hat, wird

$$(x_d(t))_{t \rightarrow \infty} = \frac{W_o}{T_r}\cdot 2\ \text{sec}$$

In der Anstiegsantwort bleibt die Regelgröße $x(t)$ um diesen Wert hinter der Führungsgröße $w(t)$ zurück. Bild 65 zeigt Sprung- und Anstiegsantwort für eine Sprunghöhe $W_o = 1$ und eine Anstiegszeit $T_r = 1$ sec.

Als Nachstellzeit $T_n$ des <u>PI-Reglers</u> wählen wir den Erfahrungswert

$$T_n = 0{,}83\ \frac{2\pi}{\omega_o} = \frac{0{,}83\cdot 2\pi}{1/\text{sec}} = 5{,}21\ \text{sec}$$

Der Proportionalbeiwert wird (um ein besseres Einschwingverhalten zu erzielen) etwas kleiner als beim P-Regler angenommen

$$K_P = 0{,}045$$

Der Regelverstärker hat dann den komplexen Frequenzgang

$$F_o(j\omega) = 0{,}045\ (1 + \frac{1}{5{,}21\ \text{sec}\cdot j\omega})$$

Er ist als Bode-Diagramm $F_R, \varphi_R$ zusammen mit dem Bode-Diagramm $F_o, \varphi_o$ des **offenen** Regelkreises im Bild 66 dar-

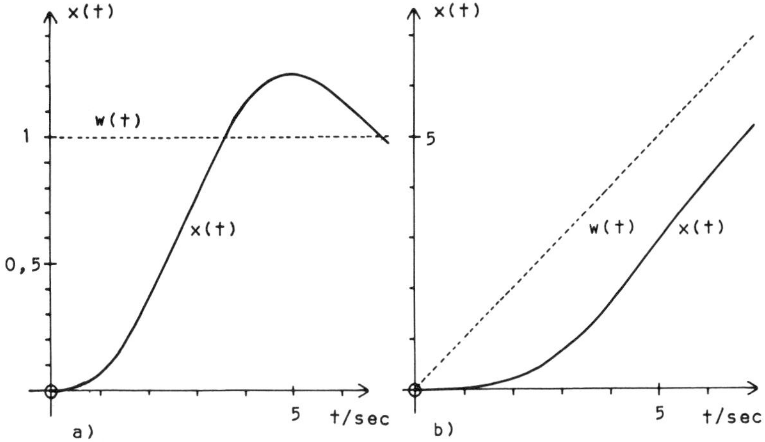


Bild 65 Sprungantwort (a) und Anstiegsantwort (b) des Führungsverhaltens bei Regelung mit P-Regler

gestellt. Es ergibt sich (bei der Kreisfrequenz $\omega_\varepsilon = 0{,}9/\text{sec}$) ein Amplitudenrand

$$\varepsilon \triangleq 5{,}1 \text{ dB}$$

und ein Phasenrand (bei der Kreisfrequenz $\omega_\delta = 0{,}54/\text{sec}$)

$$\delta = 34^\circ$$

Weil die Phasenkurve $\varphi_o$ sich bei niedrigen Kreisfrequenzen wieder $-180^\circ$ nähert, ist dieser Phasenrand an sich zu knapp (s. [2], Beispiel 3). Die Folge ist, daß in der Sprung- und der Anstiegsantwort merkliche Überschwingungen auftreten.

Mit der Kreisübertragungsfunktion

$$F_o(s) = F_S(s)K_P\left(1 + \frac{1}{T_n s}\right) = \frac{(0{,}45/\text{sec})(1 + 1/5{,}21\ \text{sec}\cdot s)}{s(1 + 1\ \text{sec}\cdot s + 1\ \text{sec}^2\cdot s^2)}$$

ergibt sich die Führungsübertragungsfunktion

$$F_w(s) = F_o(s)/(1 + F_o(s)) =$$

$$= \frac{1 + 5{,}21\ \text{sec}\cdot s}{1 + 5{,}21\ \text{sec}\cdot s + 116\ \text{sec}^2\cdot s^2 + 116\ \text{sec}^3\cdot s^3 + 116\ \text{sec}^4\cdot s^4}$$

sowie die Führungsübertragungsfunktion der Regeldifferenz

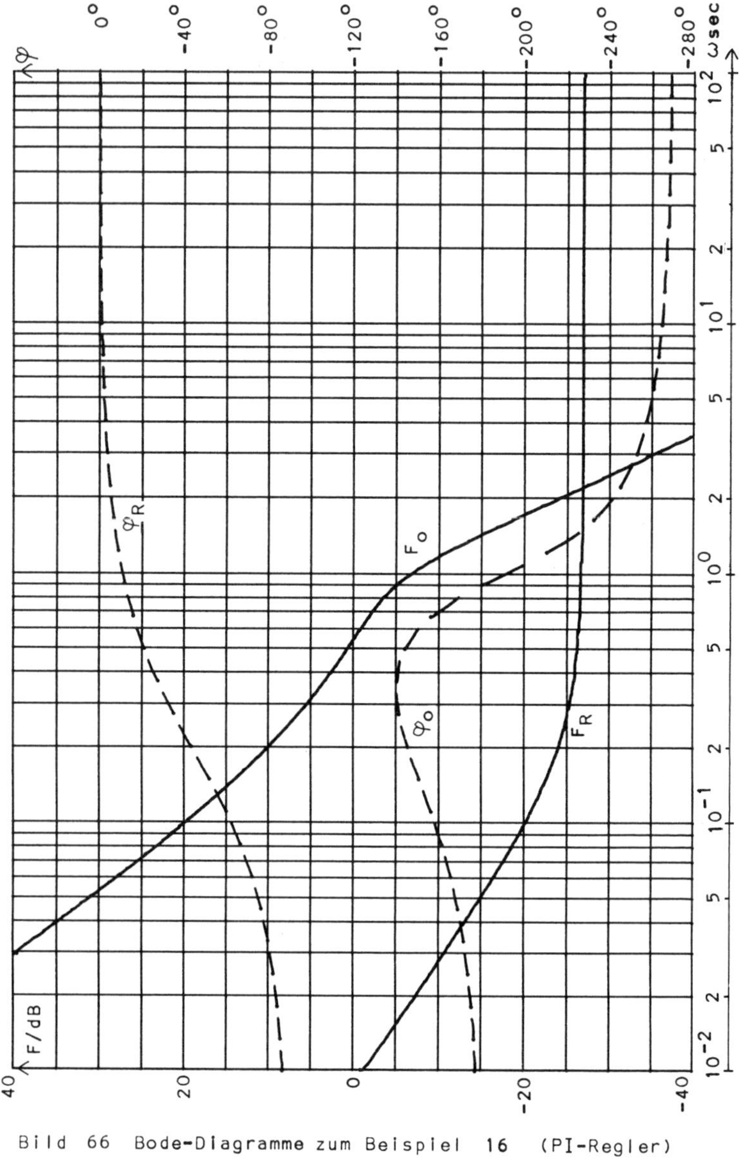


Bild 66 Bode-Diagramme zum Beispiel 16 (PI-Regler)

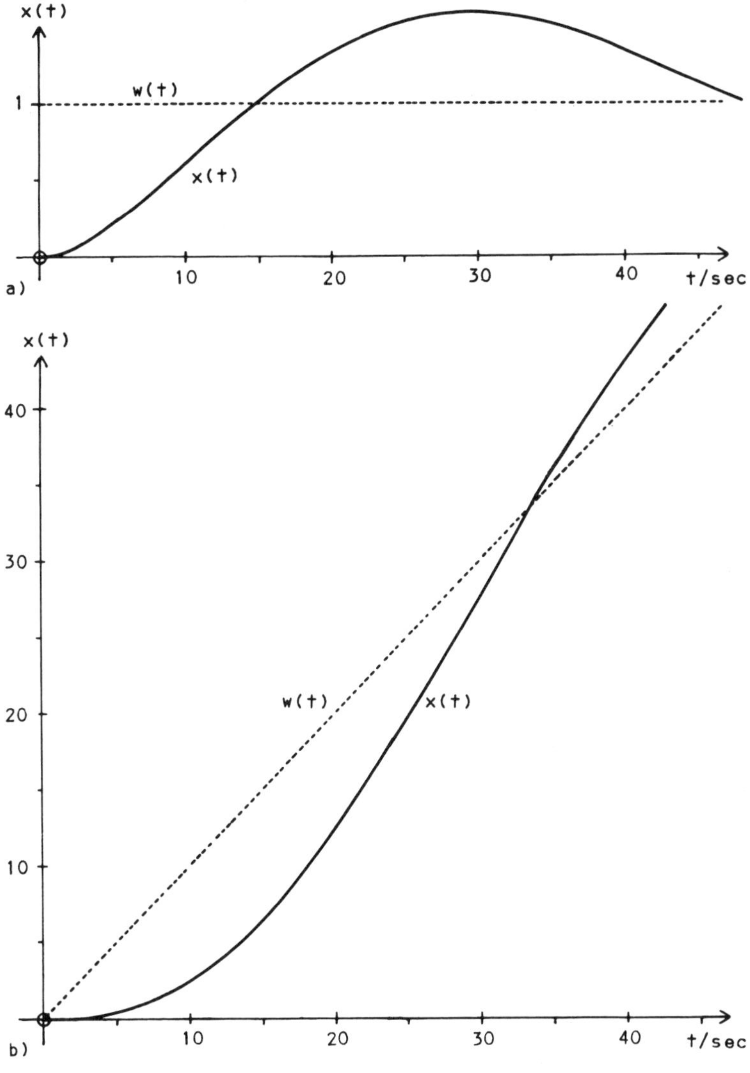


Bild 67 Sprungantwort (a) und Anstiegsantwort (b) des Führungsverhaltens bei Regelung mit PI-Regler

$F_d(s) = 1 - F_w(s) = x_d(s)/w(s) =$

$$= \frac{116\ \sec^2 \cdot s^2(1 + 1\ \sec \cdot s + 1\ \sec^2 \cdot s^2)}{1 + 5{,}21\ \sec \cdot s + 116\ \sec^2 \cdot s^2 + 116\ \sec^3 \cdot s^3 + 116\ \sec^4 \cdot s^4}$$

Da der Quotient $F_d(s)/s$ für $s \longrightarrow 0$ verschwindet, zeigen sowohl Sprungantwort als auch Anstiegsantwort keine bleibende Abweichung. In diesem Punkt ist also der PI-Regler dem P-Regler überlegen, doch klingen die Einschwingvorgänge wesentlich langsamer ab, wie die Sprungantwort und die Anstiegsantwort (s. Bild 67) zeigen. (Die Sprunghöhe ist wieder $W_o = 1$ und die Anstiegszeit $T_r = 1$ sec .)

Aufgabe 40 : Regelkreis mit Störgrößenaufschaltung

Eine P-$T_1$-Strecke wird mit einem I-Regler geregelt. Die Störung z wirkt auf den Ausgang der Regelstrecke; sie soll dem Eingang der Strecke so aufgeschaltet werden, daß der Einfluß der Störung möglichst gering wird. Es ergibt sich der Signalflußplan von Bild 68 . Zunächst ist diejenige Übertragungsfunktion $F_{St}(s)$ anzugeben, für die die Wirkung der Störung ganz verschwindet. Da diese Funktion jedoch nicht exakt realisiert werden kann, soll an ihre Stelle ein P-Verhalten (Übertragungsfunktion $F_{St}(s) = K_{St}$) treten. Die Daten des Regelkreises seien

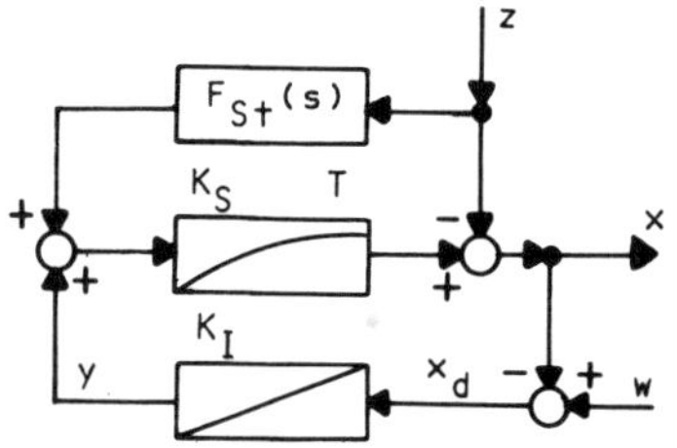


Bild 68 Regelkreis mit Störgrößenaufschaltung

$K_I = 0{,}0625/\text{sec}$ $\qquad K_S = 20 \qquad T = 0{,}2$ sec

Die Störgröße habe den Verlauf

$$z(t) = 1 \cdot \varepsilon(t)$$

Die Sprungantworten der Regelgröße x(t) für die Werte

$K_{St} = 0{,}025$ ; $0{,}05$ ; $0{,}1$ sind mit derjenigen für den Fall $K_{St} = 0$ (keine Störgrößenaufschaltung) zu vergleichen. Welcher Wert der Konstanten $K_{St}$ erscheint am günstigsten?

Aufgabe 41 : Die Totzeitstrecke von Beispiel **15** (Signalflußplan von Bild **62**) soll mit einem I-Regler geregelt werden. Bis zu welchem maximalen Integrierbeiwert $K_I = K_{IGr}$ des Regelverstärkers ist der Regelkreis stabil? Man berechne - ähnlich wie im Beispiel **16** - die Sprungantwort des Führungsverhaltens für den Integrierbeiwert $K_I = 0{,}5\ K_{IGr}$ und die Sprunghöhe $W_o = 1$ .

Aufgabe 42 : Eine $P\text{-}T_1\text{-}T_t$-Strecke (Signalflußplan von Bild 69) mit den Daten

$K_S = 1{,}5$ $\qquad$ $T = 3$ sec $\qquad$ $T_t = 5$ sec

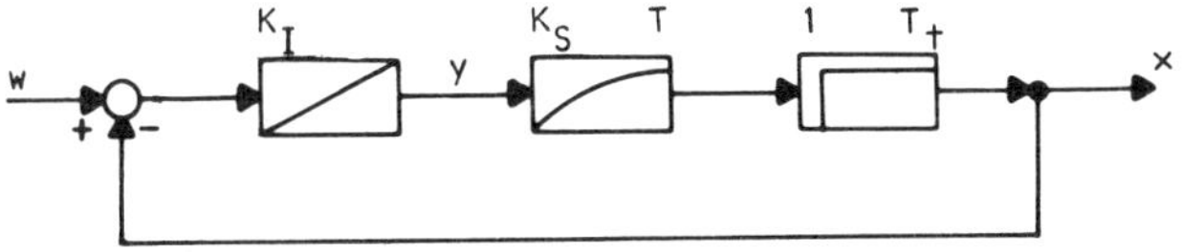


Bild 69 Signalflußplan einer $P\text{-}T_1\text{-}T_t$-Strecke mit I-Regler

soll mit einem I-Regler (Integrierbeiwert $K_I$) geregelt werden. Für welche Werte von $K_I$ ist der Regelkreis stabil?

Aufgabe 43 : Der Regelverstärker eines Stromreglers hat die Übertragungsfunktion

$$F_R(s) = \frac{x(s)}{y(s)} = \frac{36 \cdot 10^{-4}\ \mathrm{sec}^2 \cdot s^2 + 36\ \mathrm{msec} \cdot s + 1}{(4\ \mathrm{Vsec/A})s(240\ \mathrm{msec} \cdot s + 1)}$$

Um welchen Reglertyp handelt es sich? Man zeichne das vereinfachte Bode-Diagramm des Regelverstärkers (d. h. so weit möglich ist der wahre Verlauf durch Streckenzüge anzunähern; s. [2], Abschn. 4.).

Aufgabe 44 : Es ist das vereinfachte Bode-Diagramm der $P\text{-}T_2$-Strecke von Bild 70 mit den Daten

$K_S = 50$ $\qquad$ $T_1 = 1$ sec $\qquad$ $T_2 = 3$ sec

Bild 70 Aperiodische $P\text{-}T_2$-Strecke

zu zeichnen. Die Regelmöglichkeiten mit P-, I-, PI-, PD- und PID-Regler sind zu diskutieren. Die Regelverstärker sind jeweils mittels vereinfachtem Bode-Diagramm zu dimensionieren; dabei sind ein Amplitudenrand von 8 dB und ein Phasenrand von $30^\circ$ einzuhalten.

Aufgabe 45 : Gegeben ist eine periodische $P\text{-}T_2$-Strecke mit den Daten:

Proportionalbeiwert $K_S = 20$

Dämpfungsgrad $\vartheta = 0{,}2$

Kennkreisfrequenz $\omega_o = 30/\text{sec}$

Es ist das Bode-Diagramm zu zeichnen. Ferner sind die Regelmöglichkeiten mit P-, I-, PI-, PD- und PID-Regler anhand ihrer vereinfachten Bode-Diagramme zu diskutieren. Dabei sollen ein Amplitudenrand von 8 dB und ein Phasenrand von $30^\circ$ eingehalten werden.

Aufgabe 46 : Der Regelkreis einer Temperaturregelung besteht aus der Regelstrecke mit der Übertragungsfunktion

$$F_S(s) = \frac{K_{IS}}{s(1 + T_1 s)(1 + T_2 s)}$$

mit $K_{IS} = 10^{-5}$ K/Wsec , $T_1 = 200$ sec , $T_2 = 100$ sec

dem Regelverstärker mit der Übertragungsfunktion

$$F_R(s) = K_P(1 + T_v s)$$

mit $K_P = 10^6$ W/V und $T_v = 200$ sec ,

sowie einem Meßfühler mit der Übertragungsfunktion

$$F_{MF}(s) = K_{MF}\,\frac{1}{1 + T_{MF}s}$$

mit $K_{MF} = 10^{-3}$ V/K und $T_{MF} = 5$ sec .

Gesucht wird :

a) Der Signalflußplan des Regelkreises
b) Das (exakte) Bode-Diagramm des offenen Regelkreises
c) Amplituden- und Phasenrand
d) Der maximale Wert $K_{PGr}$ , auf den der Proportionalbeiwert $K_P$ des Regelverstärkers erhöht werden kann, ohne daß der Phasenrand $30^o$ unterschreitet.

Aufgabe 47 : Gegeben ist eine $I$-$T_1$-Strecke mit dem Integrierbeiwert $K_{IS}$ = 15/sec und der Zeitkonstanten T = 0,8 sec . Es ist das (exakte) Bode-Diagramm zu zeichnen; die Regelmöglichkeiten mit P-, I- und PI-Regler sind zu diskutieren. Dabei sind ein Amplitudenrand von 8 dB und ein Phasenrand von $60^o$ einzuhalten.

Aufgabe 48 : Eine Regelstrecke hat die Übertragungsfunktion

$$F_S(s) = \frac{x(s)}{y(s)} = \frac{4 + 20\ \sec\cdot s}{4 + 2\ \sec\cdot s + 1\ \sec^2\cdot s^2 + 2\ \sec^3\cdot s^3}$$

a) Ist die Strecke für sich stabil?
b) Die Strecke erhalte eine proportional wirkende Rückführung nach Bild 71 a. Für welche Werte $K_P$ ist diese Schleife stabil?
c) Wie groß ist für $K_P = 1$ der statische Wert $(x(t))_{t\to\infty}$ wenn die Eingangsgröße $y_1(t)$ den Einheitssprung

$$y_1(t) = 1\cdot\mathcal{E}(t)$$

ausführt? Wie groß ist die bleibende Abweichung $(x(t) - y_1(t))_{t\to\infty}$ ?

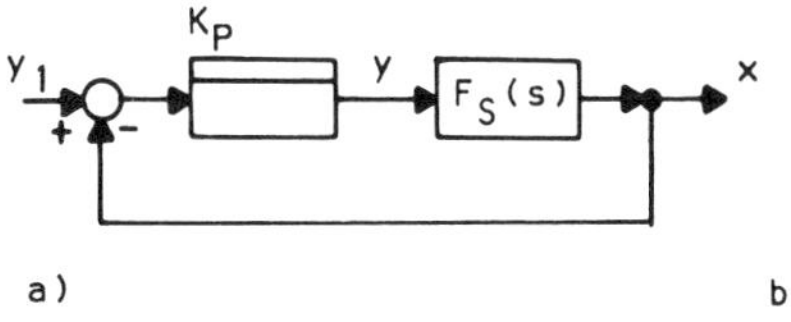


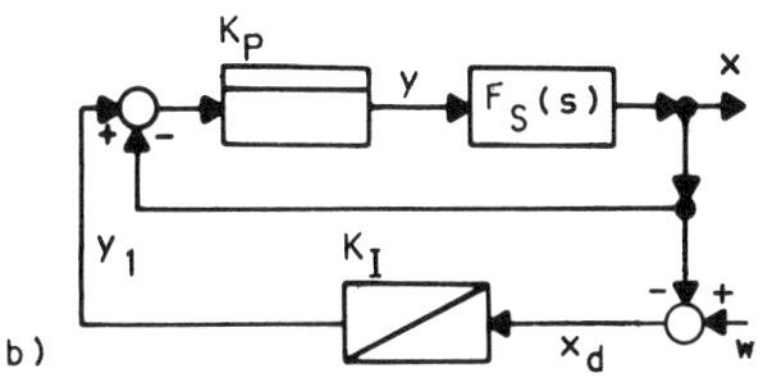


Bild 71 Signalflußpläne zu Aufgabe 48

d) Die stabilisierte Strecke werde mit einem I-Regler geregelt (Bild 71 b). Für den Fall

$$K_P = 1 \qquad \text{und} \qquad K_I = 0{,}1/\text{sec}$$

ist der Regelkreis auf Stabilität zu prüfen. Die Führungsgröße führe den Einheitssprung $w(t) = 1 \cdot \varepsilon(t)$ aus; gesucht werden der stationäre Endwert der Regelgröße $x$ und die bleibende Regelabweichung.

Aufgabe 49 : Die Stabilität des Systems von Bild 72 hängt

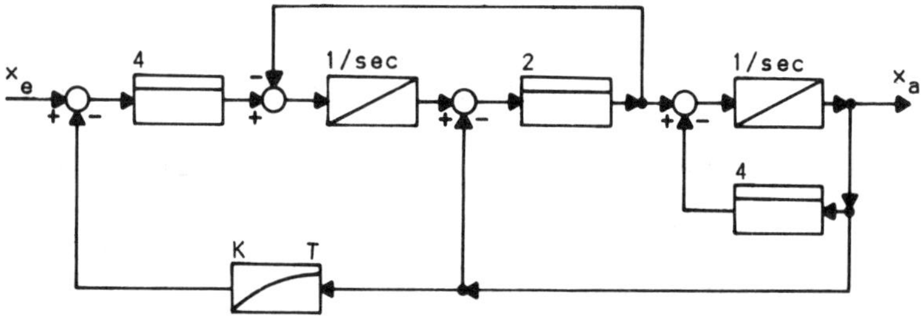


Bild 72 Signalflußplan zu Aufgabe 49

vom Proportionalbeiwert $K$ und von der Zeitkonstanten $T$ des P-$T_1$-Gliedes in der Rückführung ab. Die Stabilitätsgrenze ist durch eine Funktion $K = f(T)$ gegeben; diese Funktion ist zu bestimmen und grafisch darzustellen. Stabiler und instabiler Bereich sind anzugeben.

Aufgabe 50 : Eine unbekannte Regelstrecke hat den komplexen Frequenzgang $F_S(j\omega) = x(j\omega)/y(j\omega)$ , der als Bode-Diagramm in Bild 73 aufgetragen ist.

a) Von welchem Typ ist diese Regelstrecke? Es ist der Signalflußplan (mit Datenangabe) aufzustellen.
b) Die Übertragungsfunktion ist anzugeben.
c) Läßt sich die Regelstrecke mit einem PID-Regler regeln? Wie ist dieser gegebenenfalls zu dimensionieren? (Amplitudenrand 8 dB , Phasenrand 45°).

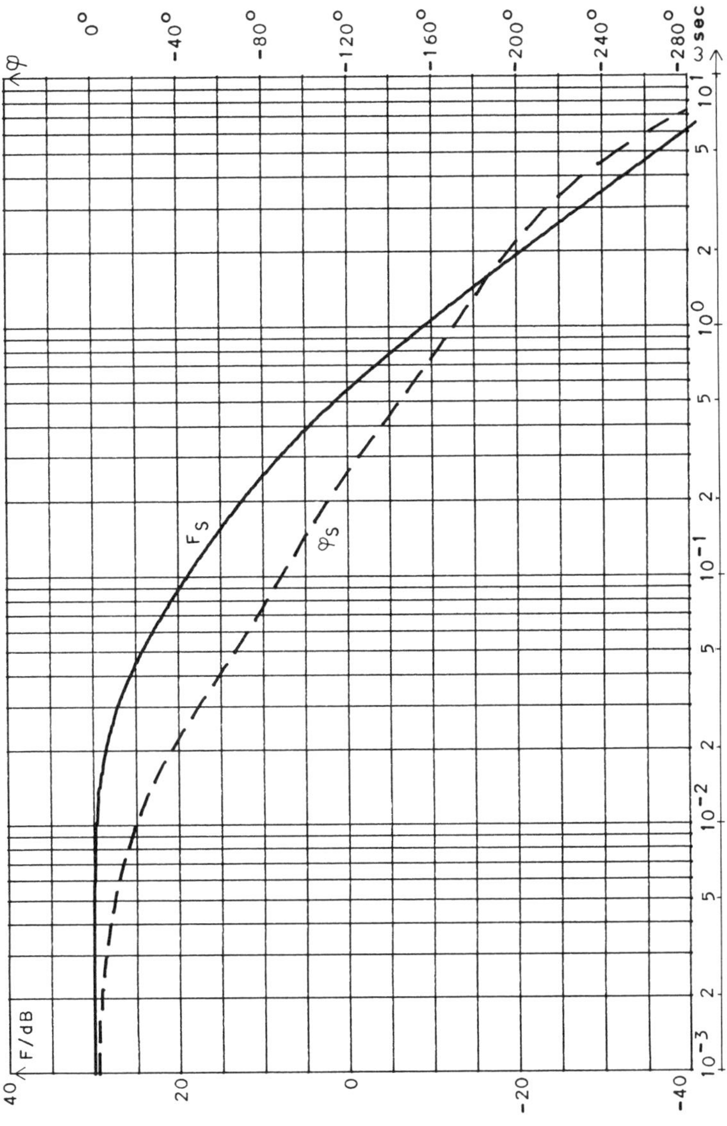


Bild 73 Bode-Diagramm der Strecke von Aufgabe 50

## 4. Nichtlineare Regelungen

Beispiel 17: Die exakte Lösung für die Übergangsfunktion eines nichtlinearen Regelkreises ist zu bestimmen.
Für den in Bild 74a dargestellten Regelkreis ist die nichtlineare Differentialgleichung aufzustellen und zu lösen. Dabei sei der Sollwert $w(t) = W = \text{konstant} > 0$, die Störgröße $z(t) = Z\,\varepsilon(t)$ und der Anfangswert der Regelgröße $x(0) = 0$. Der Verlauf der Regelgröße $x(t)$ ist zu skizzieren.

Aus dem Signalflußplan entnimmt man

$$x = \frac{K_I}{s} K_P (w^2 - x^2) z$$

Damit wird die Differentialgleichung

$$\dot{x} + K_o Z x^2 = K_o Z W^2 \qquad \text{mit } K_o = K_P K_I$$

und der Lösungsansatz

$$\int \frac{dx}{W^2 - x^2} = \int K_o Z dt$$

Mit der Anfangsbedingung $x(0) = 0$ erhält man

$$\frac{1}{2W} \ln \frac{W + x}{W - x} = K_o Z t$$

Nach entsprechender Umformung ergibt sich

$$x(t) = W \tanh K_o Z t$$

Der Verlauf der Regelgröße ist in Bild 74 b skizziert

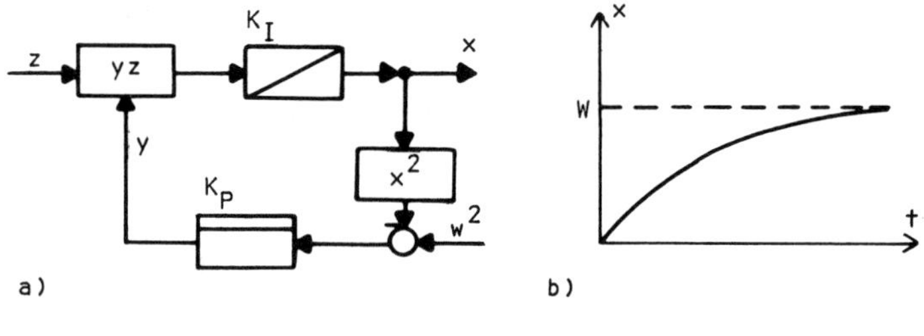


Bild 74 Signalflußplan des nichtlinearen Regelkreises (a) und Sprungantwort der Regelgröße (b)

Beispiel 18: Das Störverhalten einer Wasserstandsregelung ist zu untersuchen.
Der Regelkreis ist in Bild 75 dargestellt. Dabei bedeuten

$\dot{V}$ Volumenstrom
$A_2$ Wirksamer Ventilquerschnitt
h Wasserstandshöhe
y Ventilstellung
d = 1 m, Durchmesser des zylindrischen Kessels
g = 9,81 m/sec$^2$

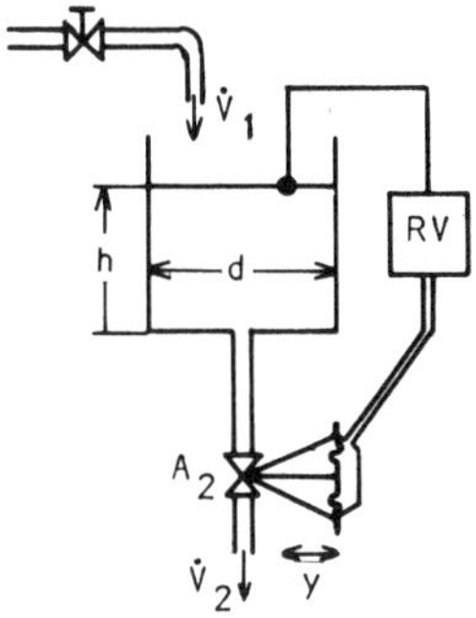

Bild 75 Wasserstandsregelung

Für den Abfluß erhält man nach Bernoulli- und Kontinuitätsgleichung $\dot{V}_2 = A_2\sqrt{2gh}$
Am Ventil gilt $A_2 = K_y y$ mit $K_y = A_{20}/Y_o$. Dabei sind $A_{20}$ und $Y_o$ Ventilquerschnitt und -stellung an dem in b) gegebenen Arbeitspunkt.
a) Die Differentialgleichung der Strecke ist abzuleiten, und der Signalflußplan des Regelkreises ist aufzustellen.
b) Für kleine Abweichungen ($\Delta\dot{V}$, $\Delta h$, $\Delta y$) um den Arbeitspunkt ($H_o$ = 1,5 m, $Y_o$ = 0,5 cm, $A_{20}$ = 4 cm$^2$) ist der nichtlineare Zusammenhang zu linearisieren und dazu der Signalflußplan aufzustellen. Der Regelverstärker sei vom Typ PI mit der Übertragungsfunktion $F_R(s) = K_P + K_I/s$.
c) Für $K_I = 0$ soll $K_P$ so bestimmt werden, daß die bleibende Abweichung der Änderung $\Delta h$ der Füllhöhe auf einen Störsprung $\Delta\dot{V}_1$ nur 10 % von der Abweichung im ungeregelten Fall beträgt.
d) Unter Beibehaltung von $K_P$ soll $K_I$ so gewählt werden, daß der Dämpfungsgrad des Kreises $\vartheta = 0,5$ wird.

a) Für das Wasservolumen im Kessel gilt

$$h\,\frac{d^2\pi}{4} = \int(\dot{V}_1 - \dot{V}_2)\,dt$$

Damit wird die Differentialgleichung für die Strecke

$$\frac{d^2\pi}{4}\,\dot{h} + A_2\sqrt{2gh} = \dot{V}_1$$

Der Signalflußplan des Regelkreises ist in Bild 76 a dargestellt.

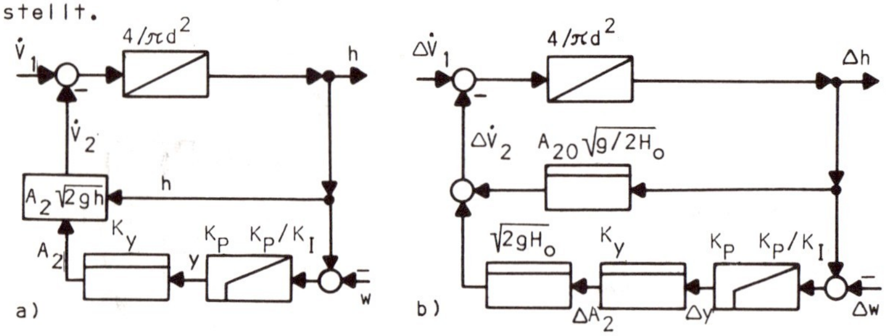


Bild 76 Signalflußplan des nichtlinearen (a) und des linearisierten (b) Regelkreises

b) Am einfachsten greift man den nichtlinearen Zusammenhang heraus und bildet das vollständige Differential

$$d\dot{V}_2 = \left(\frac{\partial f}{\partial A_2}\right)_{A_{20},H_o} \cdot dA_2 + \left(\frac{\partial f}{\partial h}\right)_{A_{20},H_o} \cdot dh$$

Daraus ergibt sich

$$\Delta\dot{V}_2 = \sqrt{2gH_o}\,\Delta A_2 + A_{20}\sqrt{\frac{g}{2H_o}}\,\Delta h$$

Der Signalflußplan des linearisierten Regelkreises ist in Bild 76 b dargestellt. Seine Zusammenfassung zeigt Bild 77, es ergeben sich die Übertragungsbeiwerte

$$K_V = \sqrt{2gH_o}\,\frac{A_{20}}{Y_o}$$

$$K_S = \sqrt{\frac{2H_o}{g}}\,\frac{1}{A_{20}}$$

sowie die Zeitkonstante

$$T = \frac{d^2\pi}{4A_{20}}\sqrt{\frac{2H_o}{g}}$$

(= 1085,8 sec = 18,1 min)

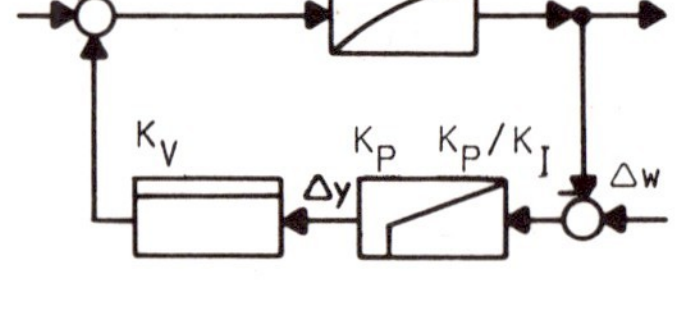


Bild 77 Vereinfachter Signalflußplan

c) Die Bedingung für $K_P$ besagt, daß der Regelfaktor $r = 1/(1 + K_o) = 0{,}1$ ist und damit die Kreisverstärkung $K_o = 9$. Aus Bild 77 findet man $K_o = 2H_oK_P/Y_o$ und erhält

$$K_P = \frac{9Y_o}{2H_o} = 0{,}015$$

d) Hier muß die charakteristische Gleichung $F_o(s) + 1 = 0$ untersucht werden. Nach Bild 77 erhält man

$$(K_Ps + K_I)\, 2H_o\frac{1}{Y_o} + s + Ts^2 = 0$$

Mit obigem $K_P$ ergibt sich

$$1 + \frac{10\,Y_o}{2H_oK_I}\,s + \frac{T\,Y_o}{2H_oK_I}\,s^2 = 0$$

Hieraus erhält man für die Kennkreisfrequenz $\omega_o = \sqrt{\dfrac{2H_oK_I}{T\,Y_o}}$

und den Dämpfungsgrad $\vartheta = 5\sqrt{\dfrac{Y_o}{2H_oK_IT}}$

Für $\vartheta = 0{,}5$ wird $K_I = \dfrac{100Y_o}{2H_oT} = 0{,}153\cdot 10^{-3}\ \mathrm{sec}^{-1}$

und die Eigenkreisfrequenz $\omega_d = 8{,}66/T$.

Aufgabe 51: Eine Regelstrecke wird durch folgende nichtlineare Differentialgleichung beschrieben

$$a_2\ddot{x} + a_1\dot{x} + f(x) = y$$

mit $a_2 = 1\ \mathrm{sec}^2$, $a_1 = 2\ \mathrm{sec}$, $f(x) = 4x + x^2$.
Da man die Übergangsfunktion nicht explizit bestimmen kann, ist der stationäre Betriebspunkt für $y = Y_o = 1$ zu berechnen, mit $X_o > 0$. Die Differentialgleichung ist an diesem Betriebspunkt zu linearisieren, und die Übergangsfunktion für kleine Änderungen um diesen Betriebspunkt ist anzugeben.

Beispiel 19 : Die Eigenbewegung eines Feder-Masse-Systems mit Reibung soll untersucht werden.
Im System von Bild 78 folgt die Auslenkung x der Differentialgleichung

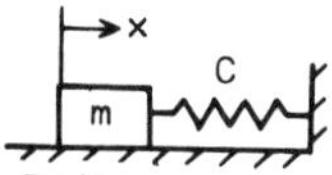


Bild 78 Feder-Masse-System mit Reibung

$$m\ddot{x} + R + Cx = 0$$

$R = \mu G \frac{\dot{x}}{|\dot{x}|}$ ist die Reibungskraft der Coulombschen Reibung, $\mu$ der Reibungskoeffizient, G das Gewicht der Masse m und C die Federkonstante. Zur Vereinfachung schreiben wir

$$R = rm \operatorname{sgn} \dot{x}$$

Die Signumfunktion ist definiert

$$\operatorname{sgn} z = \begin{cases} +1, & z > 0 \\ 0, & z = 0 \\ -1, & z < 0 \end{cases}$$

Wie verlaufen die Zustandskurven mit $x_1 = x$ und $x_2 = \dot{x}$? Für die Anfangsauslenkung $x(0) = -6{,}5$ cm und die Anfangsgeschwindigkeit $\dot{x}(0) = 0$ mit $r = 1$ cm/sec$^2$ und $\omega_o^2 = C/m = 1$ sec$^{-2}$ ist die Zustandskurve zu zeichnen. Es sind auch einige Zeitmarken einzutragen.

Da R abschnittsweise konstant ist, kann man die Differentialgleichung in folgender Form schreiben

$$\ddot{x} + \omega_o^2 x = - r \operatorname{sgn} \dot{x}$$

Dazu läßt sich die Lösung explizit angeben

$$x(t) = (X_o + r \operatorname{sgn} \dot{x}) \cos \omega_o t + \dot{X}_o \sin \omega_o t - r \operatorname{sgn} \dot{x}$$

wobei $X_o$ und $\dot{X}_o$ die Anfangswerte sind. Man muß nun von einem Vorzeichenwechsel von $\dot{x}$ zum andern mit den jeweils neuen Anfangswerten rechnen. Durch Eliminieren der Zeit t aus den Beziehungen für $x(t)$ und $\dot{x}(t)$ könnte man im Prinzip die Zustandskurve ermitteln. Hier soll jedoch der folgende Weg beschritten werden.

Die Differentialgleichungen für die Zustandsgrößen sind

$$\dot{x}_1 = x_2$$

$$\dot{x}_2 = - \omega_o^2 x_1 - r \operatorname{sgn} x_2$$

Durch Quotientenbildung aus beiden Gleichungen erhält man die Differentialgleichung für die Zustandskurven

$$\frac{dx_2}{dx_1} = \frac{-\omega_o^2\, x_1 - r \,\mathrm{sgn}\, x_2}{x_2}$$

Sie läßt sich durch Trennung der Variablen integrieren

$$\left(x_1 + \frac{r}{\omega_o^2}\,\mathrm{sgn}\, x_2\right)^2 + \left(\frac{x_2}{\omega_o}\right)^2 = \left(X_{10} + \frac{r}{\omega_o^2}\,\mathrm{sgn}\, x_2\right)^2 + \left(\frac{X_{20}}{\omega_o}\right)^2$$

Diese Gleichung beschreibt Ellipsen mit den Mittelpunkten auf der $x_1$-Achse. Wenn $x_2 > 0$ ist, gelten die Halbellipsen der oberen Halbebene mit den Mittelpunkten $(-\, r/\omega_o^2;\ 0)$, wenn $x_2 < 0$ ist, gelten die Halbellipsen der unteren Halbebene mit den Mittelpunkten $(r/\omega_o^2;\ 0)$. Mit den gegebenen Zahlenwerten werden die Ellipsen zu Kreisen.

$$(x_1 + \mathrm{sgn}\, x_2)^2 + x_2^2 = (X_{10} + \mathrm{sgn}\, x_2)^2 + X_{20}^2$$

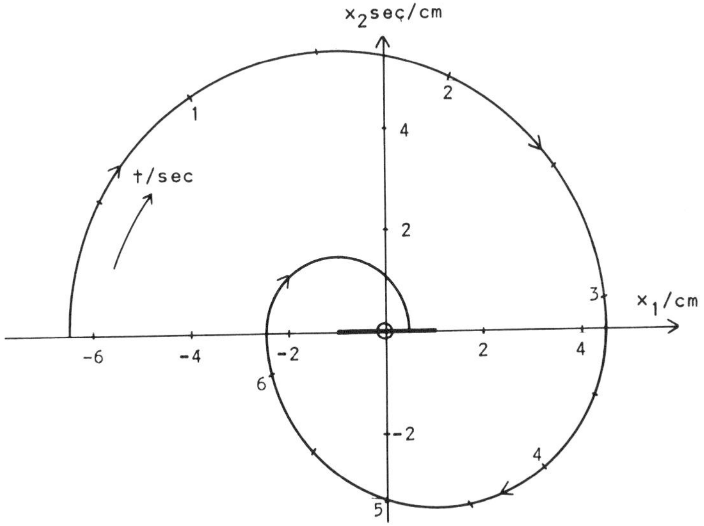


Bild 79 Zustandskurve des Feder-Masse-Systems mit Reibung

Mit $X_{10}$ = - 6,5 cm ergibt sich aus der Differentialgleichung, daß $dx_2/dx_1 > 0$ ist, also gilt der Halbkreis in der oberen Halbebene mit dem Mittelpunkt (- 1 cm; 0) und dem Radius 5,5 cm. Dieser Kreis schneidet die positive $x_1$-Achse in $x_1$ = 4,5 cm. Nun wechselt $x_2$ das Vorzeichen, und die Zustands kurve setzt sich fort in dem Halbkreis der unteren Halbebene mit dem Mittelpunkt (1 cm; 0) und dem Radius 3,5 cm. Nach nochmaligem Vorzeichenwechsel endet die Zustandskurve in dem Punkt (0,5 cm; 0), die Ruhelage (0; 0) wird nicht erreicht. Das bedeutet, daß die Reibungskraft größer ist als die verbleibende Federkraft. Die Feder entspannt sich nicht völlig. Den Zeitmaßstab findet man aus der Gleichung für x(t). Ein Halbkreis entspricht einer Halbschwingung, das sind $\pi$ sec, oder 1 sec $\hat{=}$ 57,3°.

Aufgabe 52: Die Bewegung eines ungedämpften Pendels soll untersucht werden. Das Pendel nach Bild 80 folgt der Gleichung

$$ml^2\ddot{x} + mgl \sin x = 0$$

oder

$$\ddot{x} + \frac{g}{l} \sin x = 0$$

Dabei ist x der Winkel der Auslenkung im Bogenmaß, l ist die Länge des Pendels. Für Anfangsauslenkungen $x(0) = \pi/6$, $\pi/3$, $\pi/2$ und $\pi$ sollen die Zustandskurven gezeichnet werden mit den Zustandsgrößen $x_1 = x$ und $x_2 = \dot{x}$, die Anfangsgeschwindigkeit sei null.

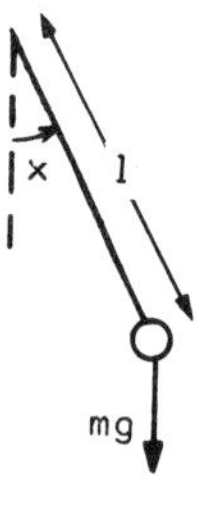


Bild 80 Ungedämpftes Pendel

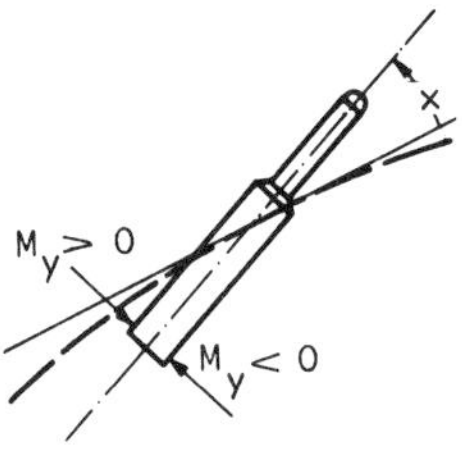


Bild 81 Raumfahrzeug

<u>Beispiel 20:</u> Die Lageregelung eines Weltraumfahrzeuges mit Dreipunktregler wird untersucht.

Der Lagewinkel x eines Raumfahrzeuges nach Bild 81 folgt der vereinfachten Differentialgleichung

$$J\ddot{x} = M_y$$

Das Trägheitsmoment J des Fahrzeuges betrage 450 Nm $sec^2$. $M_y$ ist das von einer Triebwerkssteuerung erzeugt Moment. Dieses nimmt in Abhängigkeit von der Eingangsgröße $x_e$ die Werte an

$$M_y = \begin{cases} 9 \text{ Nm} & \text{für} \quad x_e \geq 0{,}02 \ (= 1{,}15^o) \\ 0 & \text{für} \quad -0{,}02 < x_e < 0{,}02 \\ -9 \text{ Nm} & \text{für} \quad x_e \leq -0{,}02 \end{cases}$$

Der Lagewinkel soll auf dem Wert Null gehalten werden, dann ist der Sollwert w = 0. Zwei Fälle werden untersucht.

a) Der Lagewinkel wird direkt auf die Triebwerkssteuerung gegeben (Eingangsgröße $x_e = x_d = -x$).

b) Es wird eine Stabilisierung über einen gefesselten Kreisel vorgesehen (der Kreisel als D-Glied), so daß die Eingangsgröße $x_e = -(x + K_K\dot{x})$ mit $K_K = 0{,}3$ sec wird.

Durch eine Störung seien die Anfangsbedingungen $x(0) = -0{,}1$ und $\dot{x}(0) = 0$. Für die Fälle a) und b) sind die Zustandskurven zu ermitteln. Die Verbindungslinien der Schaltpunkte (Schaltlinien) sind einzutragen. Als Zustandsgrößen wähle man $x_1 = x$, $x_2 = \dot{x}$.

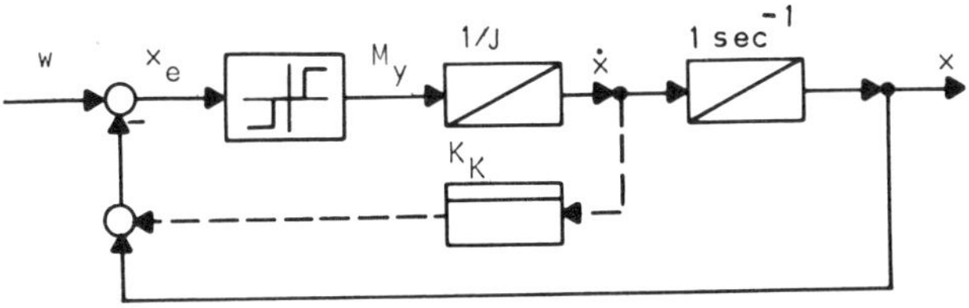


Bild 82 Signalflußplan zur Dreipunkt-Lageregelung

Der Signalflußplan dieser Regelung ist in Bild 82 dargestellt. Die Rückführung für die Stabilisierung ist gestrichelt. Die Differentialgleichungen der Zustandsgrößen lauten

$$\dot{x}_1 = x_2 \qquad \text{und} \qquad \dot{x}_2 = M_y/J$$

Daraus ergibt sich die Differentialgleichung für die Zustandskurven

$$\frac{dx_2}{dx_1} = \frac{M_y}{Jx_2}$$

Die Integration liefert

$$x_2^2 - X_{20}^2 = 2\,\frac{M_y}{J}\,(x_1 - X_{10})$$

wobei $X_{10}$ und $X_{20}$ die Anfangswerte darstellen. Die Zustandskurven sind Parabeln mit den Scheiteln auf der $x_1$-Achse, sie öffnen sich nach rechts für $M_y > 0$ und nach links für $M_y < 0$. Für $M_y = 0$ ist $x_2$ = konstant, und $x_1$ ändert sich proportional mit der Zeit. Der Fall a) ist in Bild 83 dargestellt. mit $X_{10} = -0{,}1$ wird $M_y = 9$ Nm. Die Zustandskurve verläuft nach einer nach rechts geöffneten Parabel in der oberen Halbebene, bis $x_1 = -0{,}02$ wird. Dann schaltet die Triebwerkssteuerung ab, $M_y = 0$, und $x_2$ bleibt konstant. $x_1$ steigt mit konstanter Geschwindigkeit bis zum Wert + 0,02. Dann wird

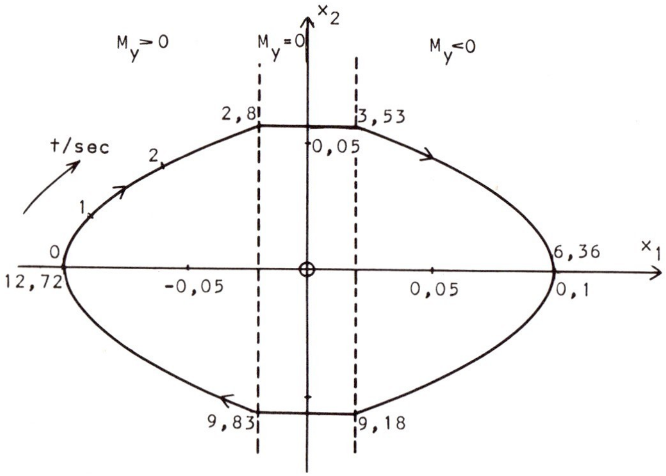


Bild 83 Zustandskurve für die ungedämpfte Lagewinkelregelung

$M_y$ = - 9 Nm, und die Zustandskurve verläuft nun nach einer nach links geöffneten Parabel. Zunächst steigt $x_1$ weiter, bis $x_2$ das Vorzeichen wechselt. Dann nimmt $x_1$ ab, und beim Unterschreiten von $x_1 = 0{,}02$ wird $M_y$ abgeschaltet. $x_1$ sinkt nun mit konstanter Geschwindigkeit, und bei $x_1 = -0{,}02$ wird $M_y$ auf den positiven Wert umgeschaltet. Die Schaltpunkte liegen symmetrisch; es ergibt sich eine geschlossene Kurve, d.h. das System führt eine Dauerschwingung aus, deren Amplitude durch die Anfangswerte bestimmt ist. Die Schaltpunkte aller Zustandskurven liegen auf den Geraden $x_1 = -0{,}02$ und $x_1 = +0{,}02$ parallel zur $x_2$-Achse. In Bild 83 sind diese Linien gestrichelt.

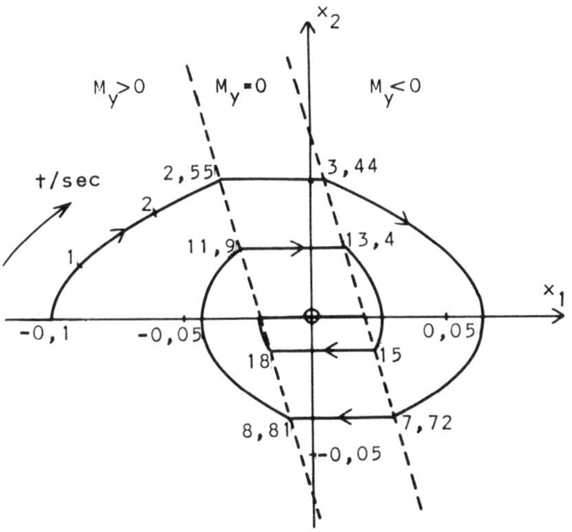


Bild 84 Zustandskurve für die stabilisierte Lagewinkelregelung

Im Fall b) (vergl. Bild 84) ändert sich die Schaltbedingung, nämlich $M_y$ = 9 Nm für $x_1 + 0{,}3x_2 \leqq -0{,}02$ und $M_y$ = - 9 Nm für $x_1 + 0{,}3x_2 \geqq 0{,}02$. Die Schaltpunkte für die Umschaltungen zwischen $M_y$ = 9 Nm und $M_y$ = 0 liegen auf der Geraden $x_2 = -10/3\, x_1 - 1/15$. Entsprechend liegen die Schaltpunkte für die Umschaltungen zwischen $M_y = -9$ Nm und $M_y = 0$ auf der Geraden $x_2 = -10/3\ x_1 + 1/15$. Die geneigten Schaltgeraden bewirken, daß die Zustandskurve nach jedem Umschalten auf einer engeren Parabel verläuft und sich damit dem Ursprung nähert. Die Kurve endet im Punkt (- 0,02; 0). Wenn $M_y = 0$ bleibt, behält $x_1$ den Wert - 0,02 bei. Mit dieser Regelung kann der Lagewinkel nicht vollständig null gemacht werden. Die Regelung spricht erst an, wenn der Lagewinkel $x_1$ den Toleranzbereich ± 0,02 überschreitet.

Für den Zeitmaßstab findet man aus der Differentialgleichung für $x_2$, daß auf den Parabeln $\Delta t = J\,\Delta x_2/M_y$
auf den Geraden $\Delta t = \Delta x_1/X_{2k}$ gilt; $X_{2k}$ ist der konstante Wert von $x_2$, der sich jeweils beim Umschalten auf $M_y = 0$ eingestellt hat.

<u>Aufgabe 53:</u> In Anlehnung an Beispiel 24 in [2] soll die Zustandskurve einer Zweipunkt-Temperaturregelung ermittelt werden. Die Zustandsgrößen sind nach Bild 85a zu wählen. Dann ist $x_1$ die Temperaturänderung. Als Konstanten seien folgende Werte gegeben: Übertragungsbeiwert der P-$T_2$-Strecke $K = 3$, Verhältnis der Zeitkonstanten $T_1/T_2 = 5$, Maximalwert der Stellgröße $Y_s = 1$, Hysterese $\varepsilon = 0{,}1$. Die Führungsgröße sei $w(t) = W\,\varepsilon(t)$, mit $W = 0{,}8$.

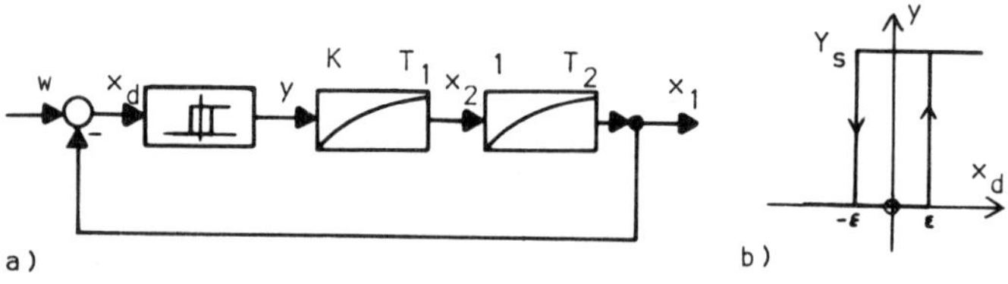


Bild 85 Signalflußplan der Temperaturregelung (a) und Kennlinie des Zweipunktreglers (b)

Beispiel 21: Der Einfluß von Getriebelose bei einer Folgeregelung wird untersucht.
In Beispiel 14 wurde eine Folgeregelung behandelt. Wir wollen mit dem Zwei-Ortskurven-Verfahren untersuchen, welchen Einfluß Getriebespiel hat. Dem linearen Übertragungsglied mit der Übertragungsfunktion $F_o(s)$ ist das nichtlineare Übertragungsglied mit der Kennlinie f(x) nachgeschaltet (vergl. Bild 86a und 86b). Bei Verwendung eines P-Reglers ist

$$F_o(s) = \frac{K_o}{s(1 + Ts)} \qquad \text{mit } K_o = 1\ \text{sec}^{-1},\ T = 0{,}25\ \text{sec}$$

Die Steigung der Kennlinie sei 1.

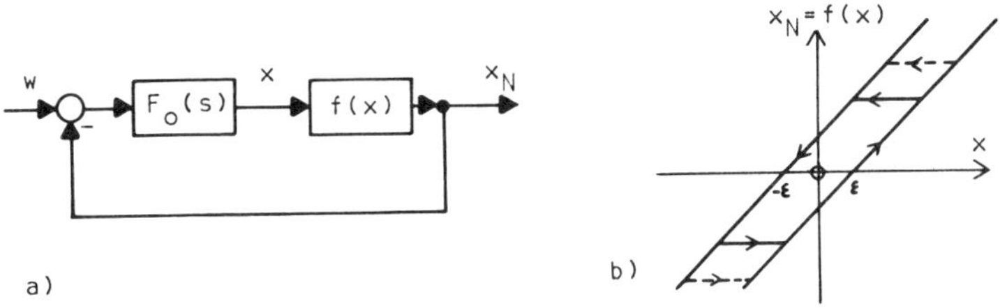


Bild 86 Signalflußplan der nichtlinearen Folgeregelung (a) und Kennlinie der Getriebelose (b)

Für das Zwei-Ortskurven-Verfahren braucht man die Beschreibungsfunktion des nichtlinearen Übertragungsgliedes. Mit $x(t) = X_s \sin\omega t$ berechnet man die Beschreibungsfunktion nach [2] Abschnitt 7.4.1

$$N(X_s) = \frac{1}{\pi X_s} \int_0^{2\pi} f(x)\ (\sin\omega t + j\cos\omega t)\ d(\omega t)$$

In Bild 87 wird gezeigt, wie man aus dem gegebenen Verlauf der Eingangsgröße x(t) durch Spiegelung an der Kennlinie den Verlauf der Ausgansgröße $x_N(t)$ bestimmt. Außerdem erhält man die Grenzen für die einzelnen Integrationsschritte. Man sieht, daß wegen der Symmetrie der Kennlinie nur über eine halbe Periode integriert werden muß, z.B. über das Intervall $[0;\pi]$ oder das Intervall $[-\pi/2;\ +\pi/2]$.

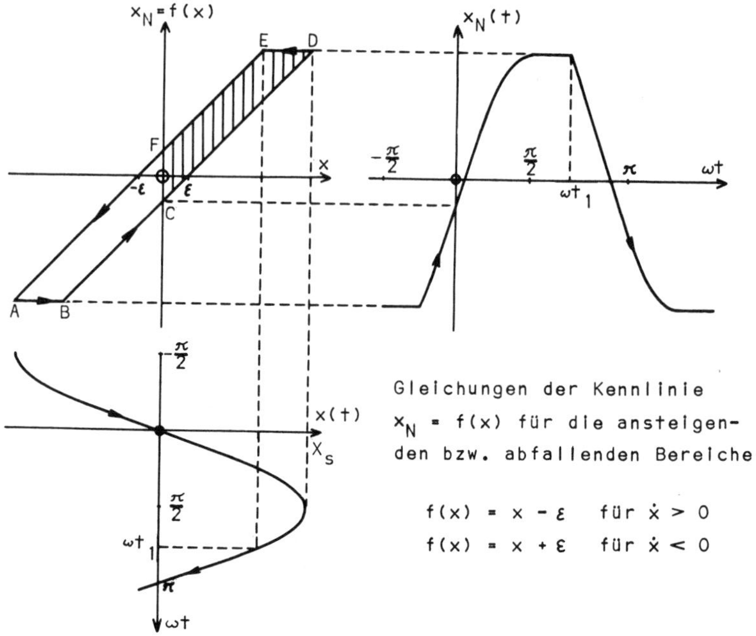


Bild 87 Diagramm zur Ermittlung der Integrationsschritte

Hier soll ein andrer als der in [2] Abschnitt 7.4.1 gezeigte Weg beschritten werden. Aus der Gleichung $x = X_s \sin\omega t$ folgt

$$\sin\omega t = \frac{x}{X_s} \quad \text{und} \quad \cos\omega t = \sqrt{1 - \left(\frac{x}{X_s}\right)^2}$$

Damit wird $$d(\omega t) = dx/\sqrt{X_s^2 - x^2}$$

Real- und Imaginärteil der Beschreibungsfunktion sollen getrennt behandelt werden.

In $$\mathrm{Re}\, N(X_s) = \frac{2}{\pi X_s} \int_{-\pi/2}^{+\pi/2} f(x) \sin\omega t \, d(\omega t)$$

ersetzen wir $\sin\omega t$ und $d(\omega t)$ und erhalten

$$\text{Re } N(X_s) = N_R(X_s) = \frac{2}{\pi X_s^2} \int_{-X_s}^{X_s} \frac{x f(x)}{\sqrt{X_s^2 - x^2}} \, dx$$

In diesem Fall wird die mehrdeutige Funktion f(x) von A über B und C bis D durchlaufen. Entsprechend müssen die Integrationsschritte und das jeweils gültige f(x) eingesetzt werden.

$$N_R(X_s) = \frac{2}{\pi X_s^2} \left[ \int_{-X_s}^{-X_s+2\varepsilon} \frac{-x(X_s - \varepsilon)}{\sqrt{X_s^2 - x^2}} \, dx + \int_{-X_s+2\varepsilon}^{X_s} \frac{x(x - \varepsilon)}{\sqrt{X_s^2 - x^2}} \, dx \right]$$

Nach Ausführung der Integration erhält man

$$N_R(X_s) = \frac{1}{\pi} \left[ (1 - 2\frac{\varepsilon}{X_s}) \sqrt{4\frac{\varepsilon}{X_s}(1 - \frac{\varepsilon}{X_s})} + \arcsin(1 - 2\frac{\varepsilon}{X_s}) + \frac{\pi}{2} \right]$$

oder durch Vergleich mit Bild 87

$$N_R(X_s) = \frac{1}{\pi} \left[ \sin\omega t_1 \cos\omega t_1 + \omega t_1 + \frac{\pi}{2} \right]$$

Diese Form erhält man auch direkt durch Integration über $\omega t$. Mit dem Imaginärteil der Beschreibungsfunktion verfahren wir ebenso. Wir ersetzen $\cos\omega t$ und $d(\omega t)$ in

$$\text{Im } N(X_s) = \frac{2}{\pi X_s} \int_0^{\pi} f(x) \cos\omega t \, d(\omega t)$$

und erhalten

$$\text{Im } N(X_s) = N_I(X_s) = \frac{2}{\pi X_s^2} \int f(x) \, dx$$

Die Integrationsgrenzen entnehmen wir Bild 87. Wir stellen fest, daß die Kennlinie von C über D und E bis F durchlaufen wird. Das bedeutet, daß das Integral den negativen Flächeninhalt der schraffierten Fläche darstellt. Man kann also für den Imaginärteil der Beschreibungsfunktion ansetzen

$$N_I(X_s) = -\frac{1}{\pi X_s^2} \text{ (Flächeninhalt der von der Kennlinie umschriebenen Fläche)}$$

Das gilt für jede Kennlinie mit Hysterese. Für Kennlinien

ohne Hysterese ist die Beschreibungsfunktion reell. Somit erhält man

$$N_I(X_s) = -\frac{4\varepsilon}{\pi X_s}\left(1 - \frac{\varepsilon}{X_s}\right)$$

oder

$$N_I(X_s) = -\frac{1}{\pi}\cos^2 \omega t_1$$

Im Zwei-Ortskurven-Verfahren wird untersucht, ob sich die Ortskurven von $F_o(j\omega)$ und $-1/N(X_s)$ oder von $N(X_s)$ und $-1/F_o(j\omega)$ schneiden, und ob die zu solch einem Schnittpunkt gehörende Schwingung stabil ist. Die Ortskurven von $N(X_s)$ und $-1/F_o(j\omega)$ in Bild 88 haben keinen Schnittpunkt. Der Regelkreis führt keine Dauerschwingung aus.

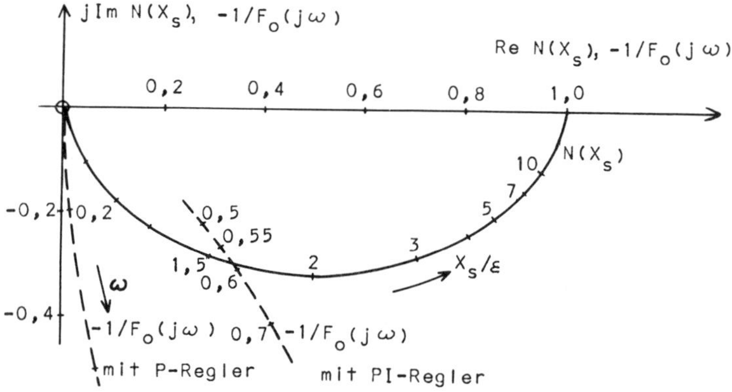


Bild 88 Ortskurven zur Folgeregelung mit Getriebelose

In Beispiel 14 wurde gezeigt, daß ein PI-Regler das Führungsverhalten verbessert. In diesem Fall ist die Übertragungsfunktion des linearen Teils

$$F_o(s) = \frac{K_o(1 + T_n s)}{T_n s^2(1 + Ts)} \quad \text{mit } K_o = 1/\text{sec},\ T_n = 2\ \text{sec},\ T = 0{,}25\ \text{sec}$$

Die beiden Ortskurven schneiden sich in (0,345 - j0,3), vergl. Bild 88 . Nach dem Kriterium in [2] Abschnitt 7.5.1 führt der Regelkreis eine Dauerschwingung aus, deren Grundschwingung die Kreisfrequenz $\omega$ = 0,58/sec und die Amplitude

$x_s = 1{,}6\varepsilon$ hat. Zur Illustration sind in Bild 89 für beide Fälle die Sprungantworten gezeigt. Die gestrichelten Linien stellen die Sprunganworten aus Beispiel **14** dar. Im ersten Fall (P-Regler) ist der Einfluß des Getriebes nur beim Anlaufen zu erkennen. Im zweiten Fall (PI-Regler) wird durch die Getriebelose ein höheres Überschwingen verursacht. Außerdem tritt die mit dem Zwei-Ortskurven-Verfahren nachgewiesene Dauerschwingung auf.

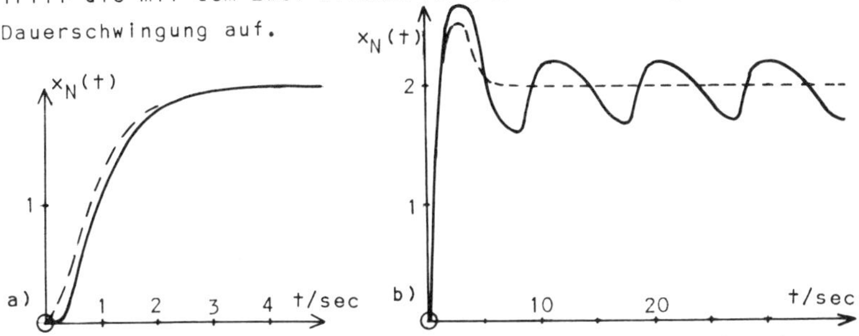


Bild 89 Sprungantworten der Folgeregelung mit Getriebelose mit P-Regler (a) und PI-Regler (b)

Aufgabe 54 : Bild 90 stellt eine vereinfachte Magnetisierungskennlinie dar. Ein Stellglied mit derartiger Charakteristik arbeite mit einer P-$T_3$-Strecke mit drei gleichen Zeitkonstanten T in einem Kreis zusammen. Das Verhalten dieses Kreises ist mit dem Zwei-Ortskurven-Verfahren zu untersuchen: Wie beeinflussen die Hysterese $\varepsilon$ des Stellgliedes und der Verstärkungsfaktor K der Strecke das Verhalten? Man wähle die Verstärkung K = 2; 4; 8 und die Hysterese $\varepsilon$ = 0; 0,25a; 0,5a und $\varepsilon$ = a mit a = 1 und $Y_s$ = 1 Dabei ist a der Wert der Eingangsgröße $x_d$, bei dem die Stellgröße y den Maximalwert $Y_s$ erreicht.

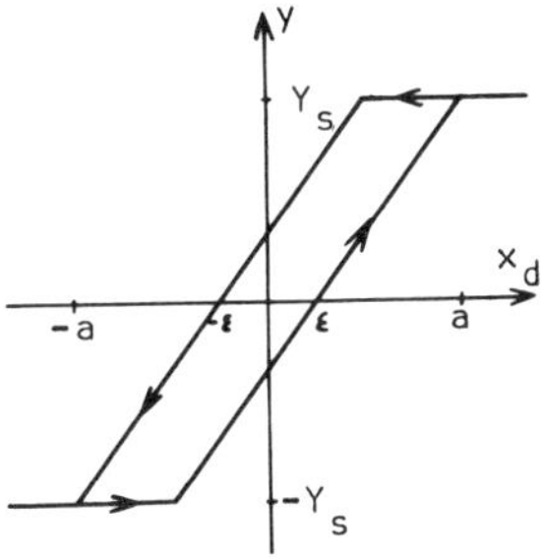


Bild 90 Hysterese-Kennlinie

Lösungen der Aufgaben von Abschnitt 1.

Aufgabe 1 : Signalflußplan s. Bild 91

$$F(s) = \frac{u_a(s)}{u_e(s)} = \frac{\frac{n}{1+n}}{1 + \frac{n}{1+n} CRs}$$

Die Schaltung hat $P\text{-}T_1$-Verhalten.

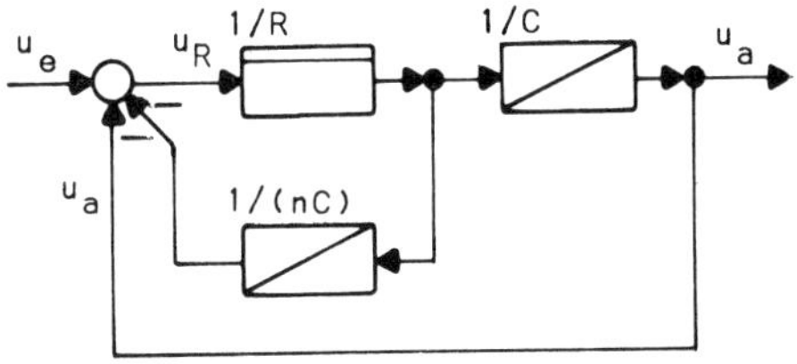


Bild 91 Signalflußplan zum RC-Glied von Bild 1

Aufgabe 2 : Signalflußplan s. Bild 92

$$F(s) = \frac{u_a(s)}{u_e(s)} = \frac{\frac{m}{1+m}}{1 + \frac{m}{1+m} CRs}$$

Die Schaltung hat $P\text{-}T_1$-Verhalten

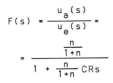

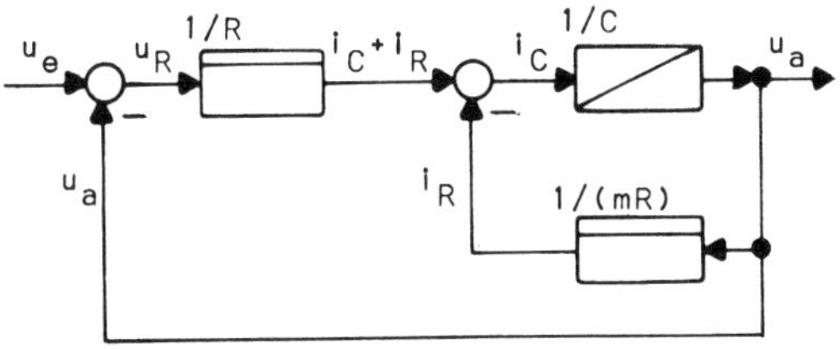


Bild 92 Signalflußplan zum RC-Glied von Bild 2

Aufgabe 3 :

$$F(s) = \frac{u_a(s)}{u_e(s)} = \frac{1 + CRs}{1 + (1+n)\, CRs}$$ ($PD\text{-}T_1$-Verhalten)

Aufgabe 4 :

$$F(s) = \frac{u_a(s)}{u_e(s)} = \frac{m}{1+m} \; \frac{1 + CRs}{1 + \frac{m}{1+m} CRs}$$ ($PD\text{-}T_1$-Verhalten)

Aufgabe 5 : Hier kommen drei Lösungswege in Frage :

1) Man wandelt die aus den drei Widerständen bestehende Sternschaltung in eine Dreieckschaltung um. Den direkt an $u_e$ liegenden Widerstand läßt man dann weg, da $u_a$ nicht von

ihm abhängt. Dann setzt man direkt das Spannungsverhältnis $u_a(s)/u_e(s)$ an.

2) Man zeichnet die Schaltung in die für Spannungsteiler gewohnte Form um und setzt nacheinander zwei Spannungsverhältnisse im Frequenzbereich an. Durch deren Kombination und Umformung ergibt sich dann F(s).

3) Man stellt die Einzelgleichungen für Bauteile, Knotenpunkte und Maschen auf und legt dabei möglichst viele Gleichungen bereits in die Benennung der Ströme und Spannungen hinein. Aus der Kombination der Einzelgleichungen erhält man dann F(s).

Der Rechenaufwand für die drei Lösungswege verhält sich etwa wie 3 : 2 : 1. Es empfiehlt sich jedoch, die Aufgabe auf allen drei Lösungswegen durchzurechnen. Es ergibt sich

$$F(s) = \frac{u_a(s)}{u_e(s)} = \frac{\frac{1}{1+m}\left[1 + (m+mn+n)\,CRs\right]}{1 + \frac{1}{1+m}(m+mn+n)CRs} \qquad \text{(PD-}T_1\text{-Verhalten)}$$

Aufgabe 6 :

$$F(s) = \frac{u_a(s)}{u_e(s)} = \frac{\frac{n}{m+mn+n}\cdot\left(1 + \frac{L}{nR}s\right)}{1 + \frac{(1+m)\,L}{(m+mn+n)R}\,s} \qquad \text{(PD-}T_1\text{-Verhalten)}$$

Aufgabe 7 :

$$F(s) = \frac{u_a(s)}{u_e(s)} = \frac{1 + mnCRs}{1 + (1+mn+n)CRs + mnC^2R^2s^2} \qquad \text{(PD-}T_2\text{-Verhalten)}$$

Aufgabe 8 :

$$F(s) = \frac{u_a(s)}{u_e(s)} = \frac{1 + (1+m)nCRs}{1 + (1+mn+n)CRs + mnC^2R^2s^2} \qquad \text{(PD-}T_2\text{-Verhalten)}$$

Aufgabe 9 : Lösungsweg s. [1] Beispiel 3, S.21, u. Beispiel 11 S. 31

$$F(s) = \frac{u_a(s)}{u_e(s)} = \frac{m}{m+n}\cdot\frac{1 - \frac{n}{m}CRs}{1 + CRs}$$

(Irreguläres Übertragungsglied, für m = n Allpaß 1. Ordnung)

Aufgabe 10 : Signalflußplan s. Bild 93

$$F(s) = \frac{u(s)}{i(s)}$$

$$= R \cdot \left[ \frac{1}{CRs} + 1 \right]$$

(PI-Verhalten)

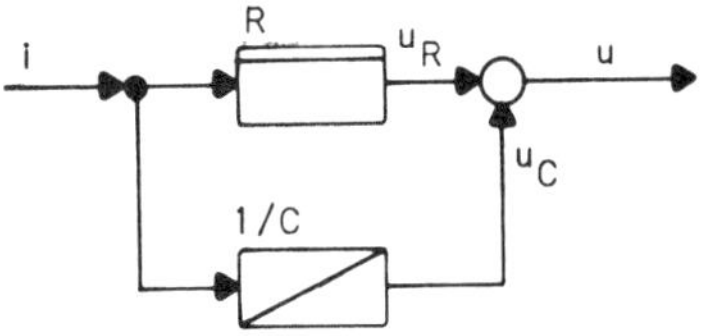


Bild 93 Signalflußplan zum RC-Glied von Bild 10

Aufgabe 11 : Signalflußplan s. Bild 94

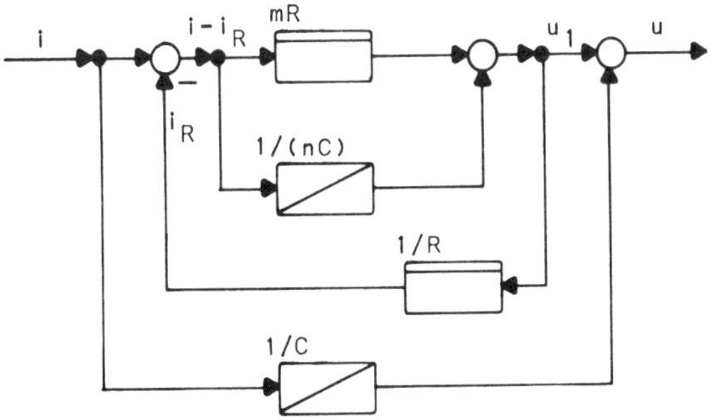


Bild 94 Signalflußplan zum RC-Glied von Bild 11

Es handelt sich um ein PID-$T_1$-Glied mit der Übertragungsfunktion

$$F(s) = \frac{u(s)}{i(s)} = (1+mn+n)R \, \frac{\frac{1}{(1+mn+n)CRs} + 1 + \frac{mnCR}{1+mn+n}s}{1 + (1+m)nCRs}$$

Aufgabe 12 : Signalflußplan s. Bild 95

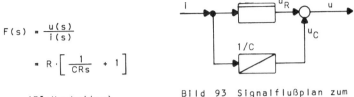

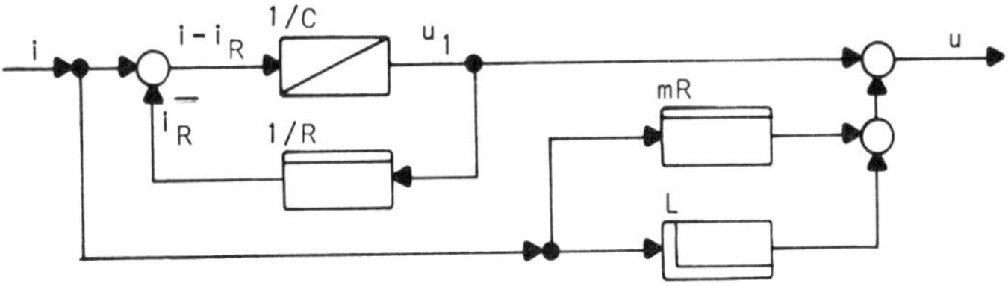


Bild 95 Signalflußplan zum Schwingkreis von Bild 12

$$F(s) = \frac{u(s)}{i(s)} = (1+m)R \; \frac{1 + \frac{1}{1+m}\left( mCR + \frac{L}{R}\right)\cdot s + \frac{1}{1+m} CLs^2}{1 + CRs}$$

($P-T_1-T_2^{-1}$-Verhalten)

Aufgabe 13 :

$$F(s) = \frac{i(s)}{u(s)} = \frac{1}{R}(1 + CRs)$$ (PD-Verhalten)

Aufgabe 14 :

$$F(s) = \frac{i(s)}{u(s)} = \frac{Cs\left[1 + \frac{L}{(1+m)R} s\right]}{1 + \frac{mCR^2+L}{(1+m)R} s + \frac{CL}{1+m} s^2}$$ ($DD^2-T_2$-Verhalten)

Aufgabe 15 : Signalflußplan s. Bild 96

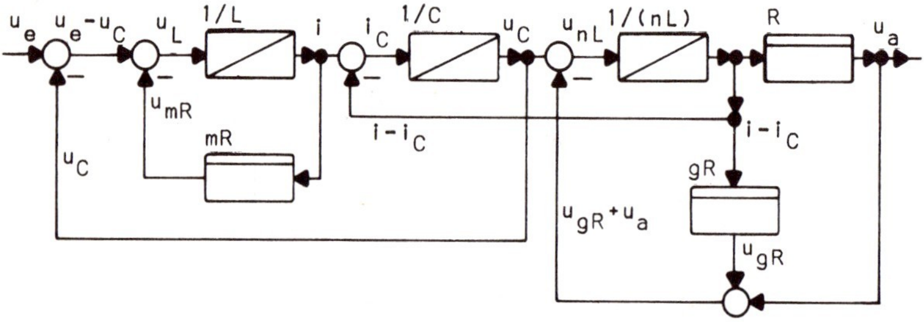


Bild 96 Signalflußplan zum Tiefpaß von Bild 15

Aufgabe 16 :

a)
$$F(s) = \frac{u_a(s)}{u_e(s)} = \frac{\frac{1}{1+m}}{1 + \frac{1}{1+m}\left[mCR + \frac{L}{R}\right] s + \frac{1}{1+m} CLs^2}$$ ($P-T_2$)

b) $\omega_o = 275 \text{ sec}^{-1}$ $\vartheta = 0{,}495$

$\omega_d = 207{,}5 \text{ sec}^{-1}$ $K_P = 0{,}826$

$K_D$ entfällt

c) $u_a(t) = 8{,}26\,V\left[1 - 1{,}325 e^{-136{,}2t/\sec} \cos(11{,}89^o t/\text{msec} - 29{,}7^o)\right]$

Aufgabe 17 :

a) $F(s) = \frac{u_a(s)}{u_e(s)} = \frac{CRs}{1 + (1+m)CRs + CLs^2}$ (D-$T_2$-Verhalten)

b) $\omega_o = 250\ sec^{-1}$ $\vartheta = 2{,}42$

$\omega_d$ entfällt, da $\vartheta > 1$ $K_P$ entfällt

$K_D = 16\ msec$

c) $u_a(t) = 9{,}08\ V \left[ e^{-t/(18{,}49\ msec)} - e^{-t/(0{,}865\ msec)} \right]$

Aufgabe 18 :

a) $-F(s) = -\frac{u_a(s)}{u_e(s)} = \frac{m}{1 + mCRs}$ (P-$T_1$-Verhalten)

b) $u_a + mCR\dot{u}_a = -mu_e$

c) $-h(t) = m \left[ 1 - e^{-t/(mCR)} \right]$

Aufgabe 19 :

a) $-F(s) = -\frac{u_a(s)}{u_e(s)} = \frac{CRs}{1 + nCRs}$ (D-$T_1$-Verhalten)

b) $u_a + nCR\dot{u}_a = -CR\dot{u}_e$

c) $-h(t) = \frac{1}{n} e^{-t/(nCR)}$

Aufgabe 20 :

a) $-F(s) = -\frac{u_a(s)}{u_e(s)} = \frac{1}{CRs\left[1 + \frac{L}{R}s\right]}$ (I-$T_1$-Verhalten)

b) $u_a + \frac{L}{R}\dot{u}_a = -\frac{1}{CR}\int u_e dt$

c) $-h(t) = \frac{L}{CR^2}\left[ e^{-Rt/L} - 1 + \frac{R}{L}t \right]$

Aufgabe 21 :

a) $$- F(s) = -\frac{u_a(s)}{u_e(s)} = m\frac{1 + CRs}{1 + mnCRs} \qquad (PD\text{-}T_1\text{-Verhalten})$$

b) $$u_a + mnCR\dot{u}_a = -m\left[u_e + CR\dot{u}_e\right]$$

c) $$- h(t) = m + \left[\frac{1}{n} - m\right]\cdot e^{-t/(mnCR)}$$

Aufgabe 22 :

a) $$- F(s) = -\frac{u_a(s)}{u_e(s)} = m(1+n)\,\frac{\frac{1}{m(1+n)CRs} + 1}{1 + mnCRs} \qquad (PI\text{-}T_1)$$

b) $$u_a + mnCR\dot{u}_a = - m(1+n)\left[\frac{1}{m(1+n)CR}\int u_e dt + u_e\right]$$

c) $$- h(t) = m + \frac{1}{CR}t - me^{-t/(mnCR)}$$

Aufgabe 23 :

a) $$- F(s) = -\frac{u_a(s)}{u_e(s)} = \frac{1 + mnCRs + nCLs^2}{n(1 + CRs)} \qquad (P\text{-}T_1\text{-}T_2^{-1})$$

b) $$u_a + CR\dot{u}_a = -\frac{1}{n}\left[u_e + mnCR\dot{u}_e + nCL\ddot{u}_e\right]$$

c) $$- h(t) = \frac{1}{n} + \frac{L}{R}\delta(t) + \left[m - \frac{1}{n} - \frac{L}{R}\cdot\frac{1}{CR}\right] e^{-t/(CR)}$$

Sprungantwort $x_a(t)$ und Übergangsfunktion h(t) dieser Schaltung enthalten die Dirac - Funktion $\delta(t)$. Der Verstärker wird also kurzzeitig übersteuert und verhält sich während dieser Zeit nichtlinear. Die praktische Verwendung dieser Schaltung ist daher nicht zu empfehlen, wenn die Eingangsspannung $u_e$ unstetig verlaufen kann.

Aufgabe 24 :

Das Netzwerk von Bild 24 enthält zwei RC-Glieder mit den Übertragungsfunktionen

$$F_1(s) = \frac{u_C(s)}{u_e(s)} = \frac{\frac{m}{1 + m}}{1 + \frac{m}{1 + m}CRs}$$

und

$$F_3(s) = \frac{u_a(s)}{u_{aV}(s)} = \frac{1}{1 + nqCRs}$$

Bei der Übertragungsfunktion $F_1(s)$ ist die Belastung durch den Widerstand $mR$, der wegen des virtuellen Erdpunktes am Verstärkereingang praktisch parallel zur Kapazität $C$ liegt, bereits berücksichtigt. Der zwischen den RC-Gliedern liegende Operationsverstärker wirkt als P-Glied mit der Übertragungsfunktion

$$F_2(s) = \frac{u_{aV}(s)}{u_C(s)} = -\frac{g}{m}$$

Er dient in erster Linie zur Entkopplung der beiden RC-Glieder. Als Übertragungsfunktion des gesamten Netzwerkes ergibt sich

$$F(s) = F_1(s)F_2(s)F_3(s) = \frac{u_a(s)}{u_e(s)} = -\frac{\frac{g}{1+m}}{\left(1 + \frac{m}{1+m}CRs\right)(1 + nqCRs)}$$

Das Netzwerk hat $P\text{-}T_2$-Verhalten.

Aufgabe 25 :

a) $$-F(s) = -\frac{u_a(s)}{u_e(s)} = \frac{mCRs}{1 + (1 + mn)CRs + mnC^2R^2s^2}$$

($D\text{-}T_2$-Verhalten)

b) $1 \leqq \vartheta < \infty$

Aufgabe 26 :

a) $$-F(s) = -\frac{u_a(s)}{u_e(s)} = \frac{CRs}{1 + mCRs + CLs^2}$$ ($D\text{-}T_2$-Verhalten)

b) $\frac{25}{\omega_o \cdot sec} \leqq \vartheta < \infty$

Aufgabe 27 :

a) $$-F(s) = -\frac{u_a(s)}{u_e(s)} = \frac{q[1 + (1 + n)CRs]}{1 + (n + mq)CRs + mnqC^2R^2s^2}$$

b) $1 \leqq \vartheta < \infty$ ($PD\text{-}T_2$-Verhalten)

Aus der Übertragungsfunktion erhält man zunächst durch Vergleich mit [2], Gl. (38) und (40) sowie mit der Normalform von Tabelle 1 (S. 29) die Beziehungen

$T_v = (1 + n)CR \qquad 2\vartheta/\omega_o = (n + mq)CR \qquad \omega_o^2 = \frac{1}{mnqC^2R^2}$

Durch Eliminieren der Faktoren $m$ und $q$ ergibt sich für den Dämpfungsgrad

$$\vartheta = \frac{1}{2}\left(\frac{n}{n+1}\,\omega_o T_v + \frac{n+1}{n}\cdot\frac{1}{\omega_o T_v}\right)$$

Der Klammerausdruck ist stets $\geqq 2$ ; daraus ergibt sich der untere Grenzwert 1 für den Dämpfungsgrad $\vartheta$.

<u>Aufgabe 28</u> :

a) $- F(s) = - \frac{u_a(s)}{u_e(s)} = m\left(1 + \frac{1}{mCRs} + \frac{Ls}{mR}\right)$ (PID-Verhalten)

b) $0 < T_v \leqq \frac{1}{K_P}\left[\frac{L}{R}\right]_{max} = 20$ msec (wegen $K_P = m$)

c) $0 < T_n/T_v < \infty$

<u>Aufgabe 29</u> :

a) $- F(s) = - u_a(s)/u_e(s) =$

$$= \frac{1 + mn + q}{n} \cdot \frac{1 + \frac{1}{(1 + mn + q)CRs} + \frac{mn(1 + q)}{1 + mn + q}CRs}{1 + qCRs}$$

(PID-$T_1$-Verhalten)

b) $0 < T_v < \infty$

c) $4 \leqq T_n < \infty$ Die untere Grenze ergibt sich nach [2], Abschn. 3.2.6 aus der Tatsache, daß die Übertragungsfunktion zunächst in der Produktdarstellung erscheint (nur reelle Nullstellen).

d) $K_P = 2{,}55$ $T_v = 0{,}923$ sec

$T_n = 8{,}40$ sec $T = 0{,}250$ sec

<u>Aufgabe 30</u> :

a) $- F(s) = - u_a(s)/u_e(s) =$

$$= (mn + nq + m)\,\frac{\frac{1}{(mn + nq + m)CRs} + 1 + \frac{mnqCRs}{mn + nq + m}}{1 + (m + q)nCRs}$$

(PID-$T_1$-Verhalten)

b) Aus der Übertragungsfunktion erhält man durch Vergleich mit der Normalform die Beziehungen

$$K_P = mn + nq + m$$

$$T_v = \frac{mnqCR}{mn + nq + m}$$

$$T_n = (mn + nq + m)CR$$

Durch Eliminieren der Konstanten $q$ folgt

$$T_v = \frac{m(K_P - mn - m)CR}{K_P}$$

und

$$T_n = K_P CR$$

Die Vorhaltzeit $T_v$ kann offenbar (z. B. durch passende Wahl der Zeitkonstanten CR) jeden beliebigen Wert annehmen; infolgedessen gilt

$$0 < T_v < \infty$$

c) Aus den Ergebnissen von b) ergibt sich das Verhältnis

$$\frac{T_n}{T_v} = \frac{K_P^2}{mK_P - m^2(n + 1)}$$

Durch Umformung erhält man für die Konstante $m$ die quadratische Gleichung

$$m^2 - \frac{K_P}{n + 1} m + \frac{K_P^2 T_v}{(n + 1)T_n} = 0$$

mit den Wurzeln

$$m_{1,2} = \frac{K_P}{2(n + 1)} \pm \sqrt{\frac{K_P^2}{4(n + 1)^2} - \frac{K_P^2 T_v}{(n + 1)T_n}}$$

Nur reelle Werte $m$ lassen sich realisieren; deswegen darf der Radikand nicht negativ werden. Damit ergibt sich die Bedingung $T_n/T_v \geqq 4(n + 1)$ oder mit dem vorgegebenen Minimalwert für $n$

$$4{,}004 \leqq \frac{T_n}{T_v} < \infty$$

Aufgabe 31 : a) Aus dem Signalflußplan von Bild 33 ergibt sich die Störübertragungsfunktion

$$F_z(s) = \frac{\Delta\omega(s)}{\Delta M_L(s)} = - \frac{\frac{R}{c_M^2\phi^2}(1 + \frac{L}{R}s)}{1 + \frac{JR}{c_M^2\phi^2}s + \frac{JL}{c_M^2\phi^2}s^2}$$

Der Gleichstrommotor zeigt gegenüber dem Lastmoment PD-$T_2$-Verhalten.

b) Man erhält $\omega_o = c_M\phi/\sqrt{JL} = 7{,}07/\text{sec}$

$$\vartheta = \frac{1}{2}\cdot\frac{JR}{c_M^2\phi^2}\omega_o = 0{,}707$$

$$\omega_d = \omega_o\sqrt{1 - \vartheta^2} = 5/\text{sec}$$

c) Es ergibt sich die Übertragungsfunktion

$$F(s) = \frac{\Delta\omega(s)}{\Delta u(s)} = \frac{\frac{c_M\phi}{c_M^2\phi^2 + KR}}{1 + \frac{JR + KL}{c_M^2\phi^2 + KR}s + \frac{JL}{c_M^2\phi^2 + KR}s^2}$$

Wir haben - wie im Beispiel 2 - P-$T_2$-Verhalten.

Aufgabe 32 : a) Aus der Anordnung von Bild 36 ergibt sich die Differentialgleichung

$$\frac{1 + g}{g}u_\omega + \frac{L}{gR}\dot{u}_\omega = c_M\phi\omega - u + \frac{1 + g}{g}\cdot\frac{m}{m + n}u + \frac{L}{gR}\frac{m}{m + n}\dot{u}$$

b) Statisch verschwinden die Ableitungen $\dot{u}$ und $\dot{u}_\omega$. Die Brückenspannung $u_\omega$ ist proportional der Kreisfrequenz $\omega$, wenn die Spannung $u$ mit dem Koeffizienten null in der obigen Gleichung auftritt. Das ist der Fall, wenn

$$g = m/n$$

ist.

c) Für diesen Fall folgt

$$u_\omega = \frac{m}{m + n}c_M\phi\omega$$

Aufgabe 33 : Man erhält den Signalflußplan von Bild 97 und daraus die Übertragungsfunktion

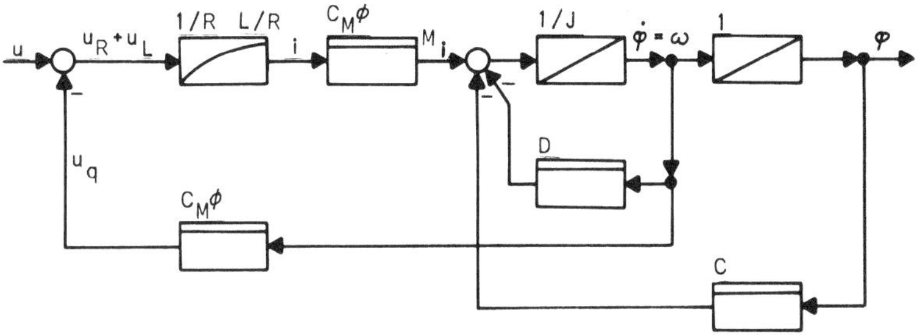


Bild 97 Signalflußplan des Meßwerkes von Aufgabe 33

$$F(s) = \frac{\varphi(s)}{u(s)} = \frac{C_M\phi/(CR)}{1 + \frac{CL + C_M^2\phi^2 + DR}{CR}s + \frac{DL + JR}{CR}s^2 + \frac{JL}{CR}s^3}$$

($P$-$T_3$-Verhalten).

<u>Aufgabe 34</u> : a) Den Signalflußplan des belasteten Gleichstromgenerators zeigt Bild 98 .

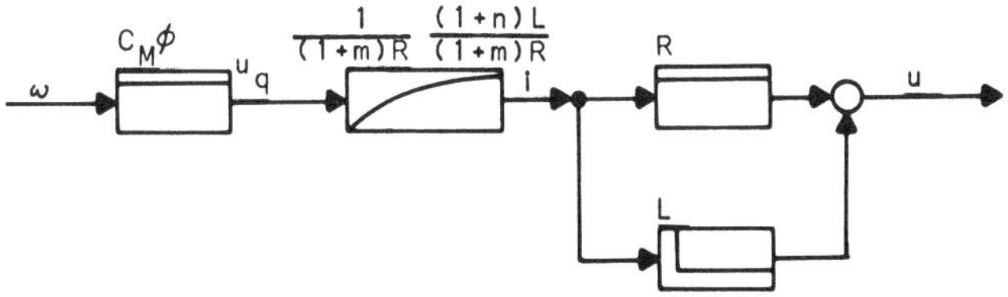


Bild 98 Signalflußplan des belasteten Generators von Aufgabe 34

Daraus ergibt sich die Übertragungsfunktion

$$F(s) = \frac{u(s)}{\omega(s)} = \frac{\frac{c_M \phi}{1 + m}(1 + \frac{L}{R}s)}{1 + \frac{(1 + n)L}{(1 + m)R}s}$$

Aufgabe 35 :

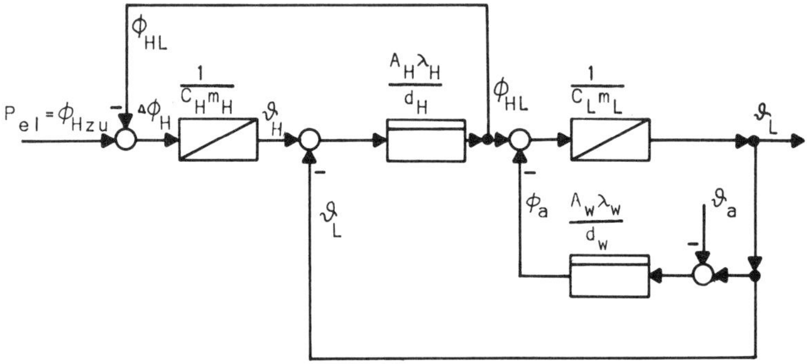


Bild 99 Signalflußplan der Raumheizung von Aufgabe 35

a) Bild 99 zeigt den Signalflußplan. Die elektrische Leistung $P_{el}$ ist gleich dem in den Heizkörper fließenden Wärmestrom $\phi_{Hzu}$. Vom Heizkörper fließt der Wärmestrom $\phi_{HL}$ in den Raum weiter; die Differenz $\Delta\phi_H = \phi_{Hzu} - \phi_{HL}$ erwärmt den Heizkörper (I-Verhalten mit dem Integrierbeiwert $1/(c_H m_H)$). Der Differenz $\vartheta_H - \vartheta_L$ zwischen Heizkörpertemperatur $\vartheta_H$ und Lufttemperatur $\vartheta_L$ ist der Wärmestrom $\phi_{HL}$ proportional (Proportionalbeiwert $A_H \lambda_H / d_H$). Der Differenz-Wärmestrom $\Delta\phi_L$ aus $\phi_{HL}$ und dem nach außen abfließenden Wärmestrom $\phi_a$ erwärmt die Luft (Raumtemperatur $\vartheta_L$). Der Wärmestrom $\phi_a$ ist der Temperaturdifferenz $\vartheta_L - \vartheta_a$ proportional.

b) Bei der Bestimmung der Übertragungsfunktion kann nach dem Überlagerungsprinzip die Außentemperatur $\vartheta_a$ außer Ansatz bleiben. Zweckmäßigerweise verlagert man nach [2], Bild 62 b die zweite Additionsstelle nach links, so daß sie mit der ersten zusammenfällt. In der unteren Rückführung (jetzt vom Ausgang zum Eingang) liegt dann ein D-Glied mit dem Differenzierbeiwert $c_H m_H$. Aus dem umgeformten Signalflußplan ergibt sich die Übertragungsfunktion $F(s) = \Delta\vartheta_L(s)/\Delta P_{el}(s)$

$$F(s) = \frac{\dfrac{A_H\lambda_H/(c_H m_H d_H s)}{1 + A_H\lambda_H/(c_H m_H d_H s)} \cdot \dfrac{1/(c_L m_L s)}{1 + A_W\lambda_W/(c_L m_L d_W s)}}{1 + \dfrac{A_H\lambda_H/(c_H m_H d_H s)}{1 + A_H\lambda_H/(c_H m_H d_H s)} \cdot \dfrac{1/(c_L m_L s)}{1 + A_W\lambda_W/(c_L m_L d_W s)} \cdot c_H m_H s}$$

oder nach einigen Umformungen

$$F(s) = \frac{d_W/(A_L\lambda_L)}{1 + \dfrac{c_H d_H m_H}{A_H\lambda_H} + \dfrac{c_L d_W m_L}{A_W\lambda_W} + \dfrac{c_H d_W m_H}{A_W\lambda_W} s + \dfrac{c_H c_L d_H d_W m_H m_L}{A_H A_W \lambda_H \lambda_W} s^2}$$

<u>Aufgabe 36</u> : Gegenüber Beispiel 10 ändert sich

$$F_2(s) = \frac{x_2(s)}{x_a(s)} = \frac{1}{1 + Ds/C}$$

($T_1$-Verhalten). Damit wird die Übertragungsfunktion

$$F(s) = \frac{x_a(s)}{x_e(s)} = \frac{K(1 + T_v s)}{1 + a_1 s + a_2 s^2}$$

Es handelt sich um ein PD-$T_2$-Glied mit dem Proportionalbeiwert

$$K = b_2/b_1 = 0{,}667$$

der Vorhaltzeit $T_v = D/C = 0{,}25$ sec

und den Koeffizienten

$$a_1 = \frac{b}{b_1 K_{St}} = \frac{1}{6}\ \text{sec} \quad \text{und} \quad a_2 = \frac{bD}{b_1 C K_{St}} = \frac{1}{24}\ \text{sec}^2$$

Daraus ergibt sich die Kennkreisfrequenz

$$\omega_o = 4{,}9/\text{sec}$$

und der Dämpfungsgrad $\vartheta = 0{,}408$

Aufgabe 37 : Die Bedingung des Kräftegleichgewichtes lautet jetzt

$$A_1p_1 - A_2p_2 = Cb$$

Wie im Beispiel 11 gelten die Beziehungen

$$p_2 = \frac{K_L}{V_o}(m_2 + m_3) \qquad m_2 + m_3 = \int \dot{m}_2 dt \qquad \dot{m}_2 = K_D(p_1 - p_2)$$

Damit wird nach Transformation in den Frequenzbereich

$$b(s) = \frac{A_1}{C} p_1(s) - \frac{A_2K_LK_D}{CV_os} p_1(s) + \frac{A_2K_LK_D}{CV_os} p_2(s)$$

Mit der Bedingung des Kräftegleichgewichtes (s. o.)

$$Cb(s) = A_1p_1(s) - A_2p_2(s)$$

läßt sich $p_2(s)$ eliminieren. Man erhält

$$b(s) = \left(\frac{A_1}{C} - \frac{A_2K_LK_D}{CV_os} + \frac{A_1K_LK_D}{CV_os}\right)p_1(s) - \frac{K_LK_D}{V_os} b(s)$$

und daraus die Übertragungsfunktion

$$F(s) = \frac{b(s)}{p_1(s)} = \frac{A_1 - A_2}{C} \cdot \frac{1 + \frac{A_1V_o}{(A_1 - A_2)K_LK_D}s}{1 + \frac{V_o}{K_LK_D}s}$$

Die Anordnung hat PD-$T_2$-Verhalten (für $A_2 > A_1$ irregulär).

## Lösungen der Aufgaben von Abschnitt 2.

Aufgabe 38 : a) Siehe Tabelle 1 , Zeilen 1 bis 3

b) $U_o$ = 0,105 V  Dieser Spannungsgrundwert kompensiert die bei dem Sollwert $\vartheta_{vw} = 20^\circ$ C auftretende Heizleistung $\phi$ = 8 W.

$\vartheta_{Mo2}$ = 40 K  Dieser Temperaturgrundwert gleicht die durch die Einführung des Spannungsgrundwertes $U_o$ verursachte Änderung der Vorlauftemperatur $\vartheta_v$ wieder aus.
Alle Proportionalbeiwerte sowie die Grundwerte $\vartheta_{ao}$ und $\vartheta_{Mo1}$ bleiben unverändert.

c) Siehe Tabelle 1 . Zeilen 4 bis 6

d) $\vartheta_{ao}$ = 20 K  Alle anderen Konstanten bleiben unverändert.

e) $\vartheta_{ao}$ = 31,11 K (s. Beispiel 13, Abschn. c)

$K_2$ = 1,8  Dieser Wert ergibt die gewünschte Steigung der Kennlinie.

$K_6$ = 84,44 A ,  $K_{12}$ = 0,45

Diese Werte ergeben sich entsprechend wie im Beispiel 13, Abschn. b). Das gilt auch für den neuen Wert

$\vartheta_{Mo2}$ = 44,44 K

| Nr. | $\frac{\vartheta_a}{^\circ C}$ | $\frac{\vartheta_a - \vartheta_{ao}}{^\circ C}$ | $\frac{\vartheta_{vw}}{^\circ C}$ | $\frac{u_{\vartheta vw}}{V}$ | $\frac{\vartheta_v}{^\circ C}$ | $\frac{u_{\vartheta v}}{V}$ | $\frac{u_d}{V}$ | $\frac{\phi}{W}$ | $\frac{\vartheta_M}{^\circ C}$ | $\frac{\phi_V}{W}$ |
|---|---|---|---|---|---|---|---|---|---|---|
| 1 | -15 | -45 | 90 | 9,47 | 90 | 9 | 0,474 | 36 | 210 | 36 |
| 2 | 0 | -30 | 60 | 6,32 | 60 | 6 | 0,316 | 24 | 150 | 24 |
| 3 | +20 | -10 | 20 | 2,11 | 20 | 2 | 0,105 | 8 | 70 | 8 |
| 4 | -15 | -45 | 90 | 9,47 | 90 | 9 | 0,368 | 28 | 170 | 28 |
| 5 | 0 | -30 | 60 | 6,32 | 60 | 6 | 0,211 | 16 | 110 | 16 |
| 6 | +20 | -10 | 20 | 2,11 | 20 | 2 | 0 | 0 | 30 | 0 |

**Tabelle 1** Statische Werte aus Aufgabe 38

Zeile 1 bis 3 : Lösung der Aufgabe 38 a)

Zeile 4 bis 6 : Lösung der Aufgabe 38 c)

Aufgabe 39 :

a) $K_4 = 1/R$ ist der Reziprokwert des Ankerkreiswiderstandes

$T_4 = L/R$ ist die Zeitkonstante des Ankerkreises

$K_5 = C_M\phi$ ist das Produkt aus **Maschinenkonstante** $C_M$ und magnetischem Fluß $\phi$

$K_I = 1/J$ ist der Reziprokwert des Trägheitsmomentes

$K_6 = C_M\phi$ ist gleich dem Proportionalbeiwert $K_5$

Es ist $K_5 = K_6 = 2$ Vsec.

b) Zur Berechnung der Kreisverstärkung $K_o$ kann man im Signalflußplan von Bild 57 von einer Störgröße $M_L = 0$ ausgehen. Da statisch die Eingangsgröße $M_B$ verschwinden muß, folgt $M_i = 0$ , $i = 0$ , $u_i = 0$ und $u_{yi} = u_{qM}$ . Damit wird

$$\omega = u_{qM}/K_6 = u_{yi}/K_6 = (K_2K_3/K_6)(u_{\omega w} - u_\omega)$$

Die Vorwärtsverstärkung ist $K_2K_3/K_6$ ; mit der Rückwärtsverstärkung $K_8$ ergibt sich

$$K_o = \frac{K_2K_3K_8}{K_6}$$

Da $K_o = 24$ vorgegeben ist, folgt $K_2 = K_oK_6/(K_3K_8) = 19{,}2$

c) Hier gilt die gleiche Überlegung wie unter b). Aus

$\omega = (K_2K_3/K_6)(u_{\omega w} - u_\omega)$ (statisch) und $u_\omega = K_8\omega$

folgt
$$\omega = \frac{K_2K_3}{K_6 + K_2K_3K_8}\, u_{\omega w}$$

Damit ergibt sich im Signalflußplan von Bild 57 vom Eingang zum Ausgang eine Verstärkung

$$F_w(0) = \frac{\Delta\omega(0)}{\Delta\omega_w(0)} = \frac{K_1K_2K_3}{K_6 + K_2K_3K_8}$$

Zur Kompensation der Regelabweichungen infolge Änderungen der Führungsgröße muß $F_w(0) = 1$ sein. Daraus folgt

$$K_1 = 0{,}1042 \text{ Vsec}$$

d) Zur Bestimmung des Störübertragungsbeiwertes kann $\omega_w$ und damit $u_{\omega w}$ mit null angenommen werden. Dann gilt für den Ankerkreisstrom $i$ statisch

$$i = K_4(u_{yi} - u_{qM}) = K_3K_4(u_{y\omega} - u_i) - K_4K_6\omega$$

$$= - K_2K_3K_4u_\omega - K_3K_4K_7 i - K_4K_6\omega$$

$$= - K_4(K_2K_3K_8 + K_6)\omega - K_3K_4K_7 i$$

oder

$$i = - \frac{K_4(K_2K_3K_8 + K_6)}{1 + K_3K_4K_7}\omega$$

Da statisch die Eingangsgröße des I-Gliedes verschwinden muß, folgt

$$M_L = M_i = K_5 i$$

Damit wird der Störübertragungsbeiwert

$$F_z(0) = \frac{\Delta\omega(0)}{\Delta M_L(0)} = - \frac{1 + K_3K_4K_7}{K_4K_5(K_2K_3K_8 + K_6)} = - 0{,}260 \frac{1}{\mathrm{Wsec}^2}$$

e) Es ergeben sich die stationären Werte

| | | |
|---|---|---|
| $u_{\omega w} = 10{,}417$ V | $\omega = 94{,}8\ \mathrm{sec}^{-1}$ | $u_\omega = 9{,}48$ V |
| $u_{y\omega} = 17{,}984$ V | $M_i = 20$ Wsec | $M_B = 0$ |
| $u_{yi} = 199{,}6$ V | $u_{qM} = 189{,}6$ V | $u_i = 10$ V |
| | $i = 10$ A | |

## Lösungen der Aufgaben von Abschnitt 3.

Aufgabe 40 : Aus dem Signalflußplan vom Bild 68 ergibt sich die Störübertragungsfunktion

$$F_z(s) = \frac{\Delta x(s)}{z(s)} = \frac{-1 + F_{St}(s)\cdot\frac{K_S}{1 + Ts}}{1 + F_o(s)} = \frac{F_{St}(s)\cdot\frac{K_S}{1 + Ts} - 1}{1 + \frac{K_I K_S}{s(1 + Ts)}}$$

Damit die Störung nicht wirksam wird, muß

$$F_{St}(s) = \frac{1}{K_S}\cdot(1 + Ts)$$

gewählt werden; das bedeutet PD-Verhalten. Eine Differentiation ist jedoch nicht exakt durchführbar.

Führt man die Störgrößenaufschaltung mit einem P-Glied durch ($F_{St}(s) = K_{St}$), so wird

$$F_z(s) = \frac{K_S K_{St}/(1 + Ts) - 1}{1 + K_I K_S/s(1 + Ts)} = \frac{1}{K_I}\,\frac{(K_{St} - 1/K_S)s - Ts^2/K_S}{1 + s/K_I K_S + Ts^2/K_I K_S}$$

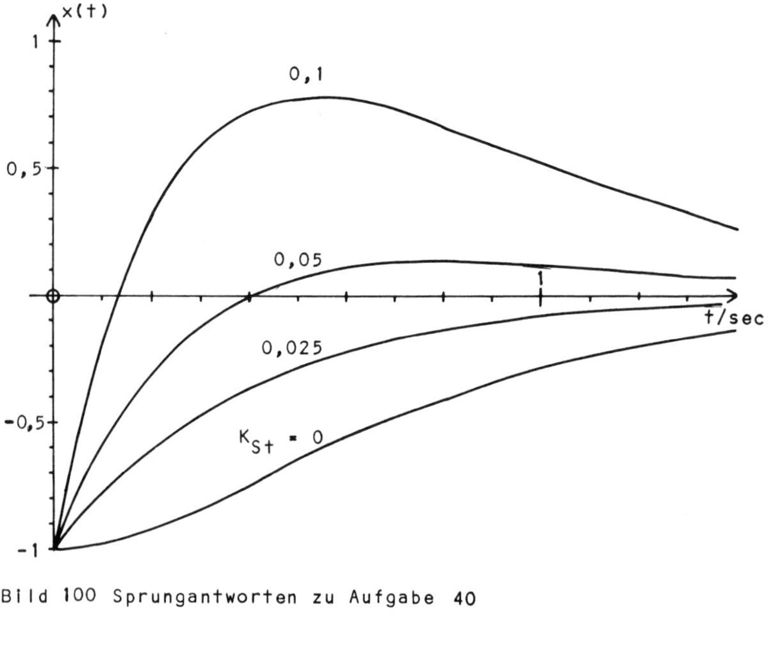


Bild 100 Sprungantworten zu Aufgabe 40

Mit $z(s) = \frac{1}{s}$ wird $\Delta x(s) = \frac{1}{K_I} \frac{K_{St} - 1/K_S - Ts/K_S}{1 + s/K_I K_S + Ts^2/K_I K_S}$

oder, wenn die gegebenen Werte eingesetzt werden

$$\Delta x(s) = 16\ \text{sec} \cdot \frac{K_{St} - 0{,}05 - 10\ \text{msec} \cdot s}{1 + 0{,}8\ \text{sec} \cdot s + 0{,}16\ \text{sec}^2 \cdot s^2} =$$

$$= 16\ \text{sec} \cdot \frac{K_{St} - 0{,}05 - 10\ \text{msec} \cdot s}{(1 + 0{,}4\ \text{sec} \cdot s)^2} = \frac{100}{\text{sec}} \cdot \frac{K_{St} - 0{,}05 - 10\ \text{msec} \cdot s}{(s + 2{,}5/\text{sec})^2}$$

Bei Übergang in den Zeitbereich (Korrespondenzen Nr. 16 und 17) erhält man

$$x(t) = \frac{100}{\text{sec}} \left[ (K_{St} - 0{,}05)t - 10\ \text{msec}(1 - 2{,}5\ \frac{t}{\text{sec}}) \right] e^{-2{,}5\ t/\text{sec}}$$

$$= \left[ -1 + (100\ K_{St} - 2{,}5) \frac{t}{\text{sec}} \right] e^{-2{,}5\ t/\text{sec}}$$

Im Bild 100 sind die Sprungantworten $\Delta x(t)$ für die vorgegebenen Werte von $K_{St}$ dargestellt. Ein günstiger Verlauf ergibt sich für

$$0{,}025 < K_{St} < 0{,}05$$

Der interessierte Leser mag noch den Fall

$$F_{St}(s) = \frac{1}{K_S} \cdot \frac{1 + Ts}{1 + aTs}$$

mit $a = 0{,}1$ oder $0{,}2$ untersuchen; mit diesem PD-$T_1$-Verhalten läßt sich die ideale PD-Aufschaltung am besten annähern.

Aufgabe 41 : Die Kreisübertragungsfunktion eines Regelkreises aus einer Totzeitstrecke und einem I-Regler ist

$$F_o(s) = \frac{K_I}{s} e^{-sT_t}$$

Für $s = j\omega$ erhält man den komplexen Frequenzgang des offenen Regelkreises

$$F_o(j\omega) = \frac{K_I}{j\omega} e^{-j\omega T_t}$$

Da die Phase des I-Anteils beständig $-90^\circ$ ist, wird ein Gesamtwinkel von $-180^\circ$ erreicht, sobald auch der Phasenwinkel des Totzeitgliedes $-90^\circ$ wird. Das ist der Fall bei der Kreisfrequenz $\omega_\varepsilon = \pi/2T_t$

Für $T_t = 1$ sec wird $\omega_\varepsilon = 1{,}57/\text{sec}$

Die Stabilitätsgrenze wird mit demjenigen $K_I = K_{IGr}$ erreicht, für das $|F_o(j\omega_\varepsilon)| = K_{IGr}/\omega_\varepsilon = 1$ wird. Es folgt

$$K_{IGr} = \omega_\varepsilon = 1{,}57/sec$$

Die Sprungantwort muß - entsprechend wie im Beispiel **15** - stückweise berechnet werden:

Für $0 < t \leqq T_t$ ist $x = 0$ (das Signal hat die Totzeitstrecke noch nicht durchlaufen)

für $T_t < t \leqq 2T_t$ ist $x = K_I(t - T_t)$ (die Ausgangsgröße des Regelverstärkers erscheint um $T_t$ verzögert am Ausgang der Strecke)

für $2T_t < t \leqq 3T_t$ ist $x = K_I(t - T_t) - \frac{1}{2}K_I^2(t - 2T_t)^2$ (die zurückgeführte Regelgröße - integriert und um $T_t$ verzögert - erscheint jetzt mit negativem Vorzeichen am Ausgang)

Nachdem wiederum die Totzeit $T_t$ vergangen ist, erscheint dann auch das quadratische Glied integriert (also als Glied dritter Ordnung) wieder mit positivem Vorzeichen. **Mit der bekannten Funktion** $\varepsilon(t)$ des Einheitssprunges läßt sich der Verlauf mit

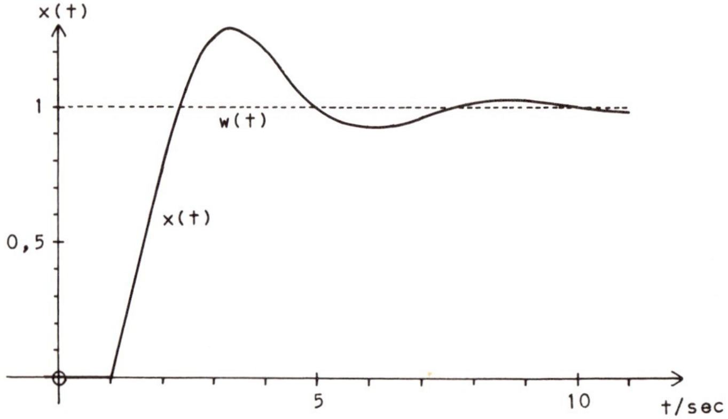


Bild 101 Sprungantwort des Führungsverhaltens zu Aufgabe **41**

$$x(t) = \sum_{n=1}^{\infty} (-1)^{n-1} \frac{K_I^n}{n!} (t - nT_+)^n \varepsilon(t - nT_+)$$

allgemein angeben. Für den vorgegebenen Integrierbeiwert

$$K_I = K_{IGr}/2 = 0{,}785/\mathrm{sec}$$

ist diese Sprungantwort im Bild 101 dargestellt.

Aufgabe 42: Die Aufgabe ist mit dem Nyquist-Kriterium zu lösen. Die P-$T_1$-$T_+$-Strecke hat mit dem I-Regelverstärker die Kreisübertragungsfunktion

$$F_o(s) = \frac{K_S K_I e^{-sT_+}}{s(1 + Ts)}$$

Für $s = j\omega$ erhält man den komplexen Frequenzgang

$$F_o(j\omega) = \frac{K_S K_I e^{-j\omega T_+}}{j\omega(1 + j\omega T)}$$

Sein Betrag

$$F_o = |F_o(j\omega)| = \frac{K_S K_I}{\omega\sqrt{1 + \omega^2 T^2}}$$

Bei der Kreisfrequenz $\omega_\varepsilon$ wird $F_o = 1$ ; es gilt dann

$$\omega_\varepsilon^2(1 + \omega_\varepsilon^2 T^2) = K_S^2 K_I^2$$

oder

$$\omega_\varepsilon^4 + \omega_\varepsilon^2/T^2 - K_S^2 K_I^2/T^2 = 0$$

Es folgt

$$\omega_\varepsilon^2 = -\frac{1}{2T^2} \pm \sqrt{\frac{1}{4T^4} + \frac{K_S^2 K_I^2}{T^2}}$$

Da $\omega_\varepsilon$ und $\omega_\varepsilon^2$ nur positiv sein können, ergibt sich

$$= \frac{1}{T}\sqrt{\frac{1}{2}\left(\sqrt{1 + 4T^2 K_S^2 K_I^2} - 1\right)}$$

Bei dieser Kreisfrequenz wird die Phase $\varphi_o$ des offenen Regelkreises

$$\varphi_o = \varphi_{o\varepsilon} = -90^\circ - \omega_\varepsilon T_+ - \arctan \omega_\varepsilon T$$

Der Regelkreis ist für Winkel $\varphi_o < -180^\circ$ stabil. Das ist der Fall, wenn $\arctan \omega_\varepsilon T + \omega_\varepsilon T_+ < 90^\circ$ ist. Diese Bedingung läßt sich auch schreiben

$$\omega_\varepsilon T < \tan(90^\circ - \omega_\varepsilon T_+) = \cot \omega_\varepsilon T_+$$

oder $$\omega_\varepsilon T \cdot \tan \omega_\varepsilon T_t < 1$$

Mit den gegebenen Werten $T = 3$ sec und $T_t = 5$ sec findet man leicht durch Probieren, daß

$$\omega_\varepsilon < 2{,}04/\text{sec}$$

sein muß. Damit ergibt sich die Ungleichung

$$\sqrt{\tfrac{1}{2}\left(\sqrt{1 + 4T^2K_S^2K_I^2} - 1\right)} = \omega_\varepsilon T < 6{,}12$$

oder $$\tfrac{1}{2}\left(\sqrt{1 + 4T^2K_S^2K_I^2} - 1\right) < 6{,}12^2 = 37{,}5$$

Sie ist erfüllt, wenn

$$\sqrt{1 + 4T^2K_S^2K_I^2} < 76$$

oder $$2TK_SK_I < 75{,}9$$

ist. Mit $K_S = 1{,}5$ ergibt sich schließlich die Bedingung

$$K_I < \frac{75{,}9}{2TK_S} = \frac{75{,}9}{9\ \text{sec}} = 8{,}44/\text{sec}$$

Ist sie erfüllt, ist der Regelkreis stabil, andernfalls instabil.

Aufgabe 43: Es handelt sich um einen PID-$T_1$-Regelverstärker. (Die Typangabe $I\text{-}T_1\text{-}T_2^{-1}$ ist ebenfalls richtig.)

Da die Übertragungsfunktion nicht dimensionslos ist, muß sie zunächst normiert werden (s. [2], Abschn. 4.2). Wir wählen als Maßstabsfaktor $$K_M = 1\ \text{A/V}$$

so daß $$F_R(s) = K_M\tilde{F}_R(s)$$

mit $$\tilde{F}_R(s) = \frac{0{,}25}{\text{sec}} \cdot \frac{1 + 36\ \text{msec}\cdot s + 36\cdot 10^{-4}\ \text{sec}^2\cdot s^2}{s(1 + 240\ \text{msec}\cdot s)}$$ wird.

Es folgt

$$\tilde{F}_R(s) = \frac{0{,}25}{\text{sec}} \cdot \frac{1 + 2\frac{\vartheta}{\omega_o}s + \left(\frac{s}{\omega_o}\right)^2}{s(1 + 240\ \text{msec}\cdot s)}$$

mit $\omega_o = 16{,}67/\text{sec}$ und $\vartheta = 0{,}3$

Für $s = j\omega$ ergibt sich dann der komplexe Frequenzgang $\tilde{F}_R(j\omega)$. Da der Dämpfungsgrad $\vartheta < 1$ ist, müssen Amplitudengang $\tilde{F}_1$ und Phasengang $\varphi_1$ des Zählers von $\tilde{F}_R(j\omega)$

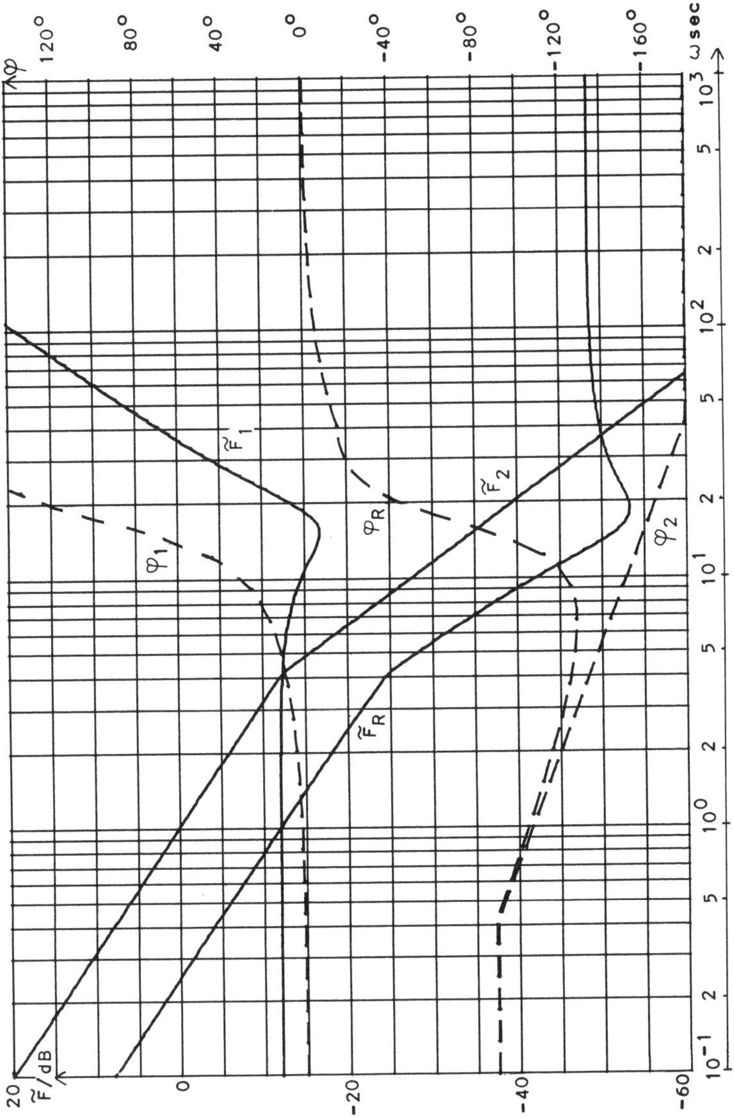


Bild 102 Bode-Diagramme zur Aufgabe 43

aus [1], Bild 50 und 51 entnommen werden (weil ein $T_2^{-1}$-Verhalten vorliegt, muß dabei an der Nullinie gespiegelt werden). Addiert man jeweils den Amplitudengang $\tilde{F}_2$ bzw. den Phasengang $\varphi_2$ des Nenners hinzu, ergibt sich das Bode-Diagramm $\tilde{F}_R$, $\varphi_R$ des Stromreglers (Bild 102).

Aufgabe 44 : Mit dem Proportionalbeiwert $K_P = 50 \triangleq 34$ dB und den Eckkreisfrequenzen

$$\omega_{E1} = 1/\text{sec} \quad \text{und} \quad \omega_{E2} = 0{,}333/\text{sec}$$

ergibt sich das (vereinfachte) Bode-Diagramm $F_S$, $\varphi_S$ von Bild 103. Nach [2], Abschn. 4. bleibt die Amplitude für kleine Kreisfrequenzen konstant, fällt dann für $\omega_{E2} < \omega < \omega_{E1}$ mit 20 dB/Dekade und für $\omega > \omega_{E1}$ mit 40 dB/Dekade. Der Phasengang jedes einzelnen P-$T_1$-Gliedes fällt jeweils von $0{,}1\ \omega_E$ bis $10\ \omega_E$ um $90^\circ$; zusammengefaßt ergibt sich die Kurve $\varphi_S$.

Regelung mit P-Regler : Die Phasenkurve $\varphi_S$ der Strecke (Bild 103) ist nur eine Näherungskurve. Die wahre Kurve erreicht den Winkel $-180^\circ$ erst im Unendlichen; das bedeutet, daß die Amplitudenrandbedingung immer beliebig gut erfüllt ist. Der Proportionalbeiwert $K_P$ des Regelverstärkers wird daher nur nach der Phasenrandbedingung festgelegt.
Der Phasenrand $\delta$ soll maximal $30^\circ$ betragen. Nach [2], Beispiel 5 ist $\varphi_\delta = \delta - 180^\circ \geq -150^\circ$ zu setzen. Da der Phasenwinkel $\varphi_R$ des Regelverstärkers ständig null ist, wird die Phase des offenen Regelkreises $\varphi_o = \varphi_S$ ; $\varphi_S$ erreicht den Wert $-150^\circ$ bei der Kreisfrequenz $\omega_\delta = 2{,}7/\text{sec}$ . Soll die Phasenrandbedingung erfüllt sein, muß die Amplitude $F_o$ des offenen Regelkreises bei dieser Kreisfrequenz den Wert 0 dB erreicht oder unterschritten haben; da wir nur diese eine Bedingung erfüllen müssen, können wir annehmen, daß $F_o \triangleq 0$ dB hat bei $\omega_\delta = 2{,}7/\text{sec}$ . Nun hat $F_S$ bei $\omega_\delta$ 7,3 dB . Wegen $F_o = F_S \cdot F_R$ (im logarithmischen Maß ist die Multiplikation durch eine Addition zu ersetzen) folgt

$$F_R = K_P = 0{,}43 \triangleq -7{,}5 \text{ dB}$$

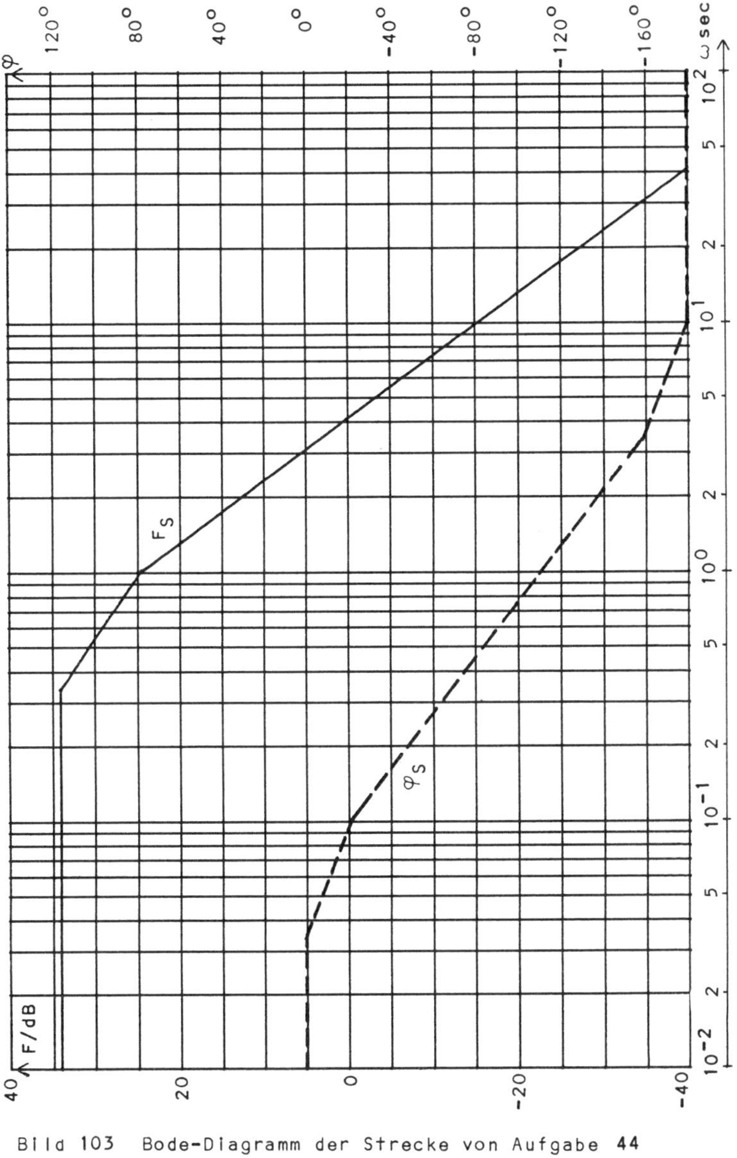


Bild 103 Bode-Diagramm der Strecke von Aufgabe 44

Damit wird nach [2], Gl. (7) der Regelfaktor

$$r = \frac{1}{1 + K_o} = \frac{1}{1 + K_S K_P} = \frac{1}{1 + 50 \cdot 0,43} = \frac{1}{22,5} = 4,44\ \%$$

Regelung mit <u>I-Regler</u> : Die Phase $\varphi_R$ des Regelverstärkers ist konstant $-90^o$, somit liegt der Phasengang $\varphi_o$ des offenen Regelkreises um $90^o$ unter der der Strecke (Bild 103 und 104). Sie erreicht $-180^o$ bei $\omega_\varepsilon = 0,58/\text{sec}$. Da die Kreisverstärkung $F_o$ auf $-8$ dB abgesunken sein soll (Amplitudenrandbedingung) und die Streckenamplitude $F_S \triangleq 29,2$ dB hat, folgt für den Regelverstärker

$$F_R \hat{\leqq} -8 \text{ dB} - 29,2 \text{ dB} = -37,2 \text{ dB} \quad \text{für} \quad \omega = \omega_\varepsilon$$

Der Phasenwinkel $\varphi_\delta = -150^o$ wird bei $\omega_\delta = 0,27/\text{sec}$ erreicht. Hier ist die Bedingung $F_o \hat{\leqq} 0$ dB zu erfüllen; da $F_S \triangleq 34,0$ dB folgt

$$F_R \hat{\leqq} -34,0 \text{ dB} \quad \text{für} \quad \omega = \omega_\delta$$

Weil die Amplitudenkurve des Regelverstärkers von $\omega_\delta$ bis $\omega_\varepsilon$ um 6,7 dB fällt, ist die zweite Bedingung (Phasenrand) für $F_R$ die schärfere. Somit ergibt sich die Kurve $F_R$ von Bild 104. Sie trifft die Null-dB-Linie bei

$$K_I = 5,4\ 10^{-3}/\text{sec}$$

Dann wird der Integrierbeiwert des offenen Regelkreises

$$K_{Io} = K_S K_I = 0,27/\text{sec}$$

und

$$1/K_{Io} = 3,7 \text{ sec}$$

Diese Zeit ist größer als die größere der beiden Zeitkonstanten der Strecke ($T_2 = 3$ sec), somit ist keine befriedigende Regelung zu erwarten.

Regelung mit <u>PI-Regler</u> : Ein größerer Proportionalbeiwert $K_P$ als beim P-Regler kann nicht erreicht werden, weil die Phase des PI-Reglers ungünstiger liegt als die des P-Reglers. Es soll daher versucht werden, den gleichen Wert zugrunde zu legen

$$K_P = 0,43$$

Der I-Anteil muß dann so bemessen werden, daß Amplituden-

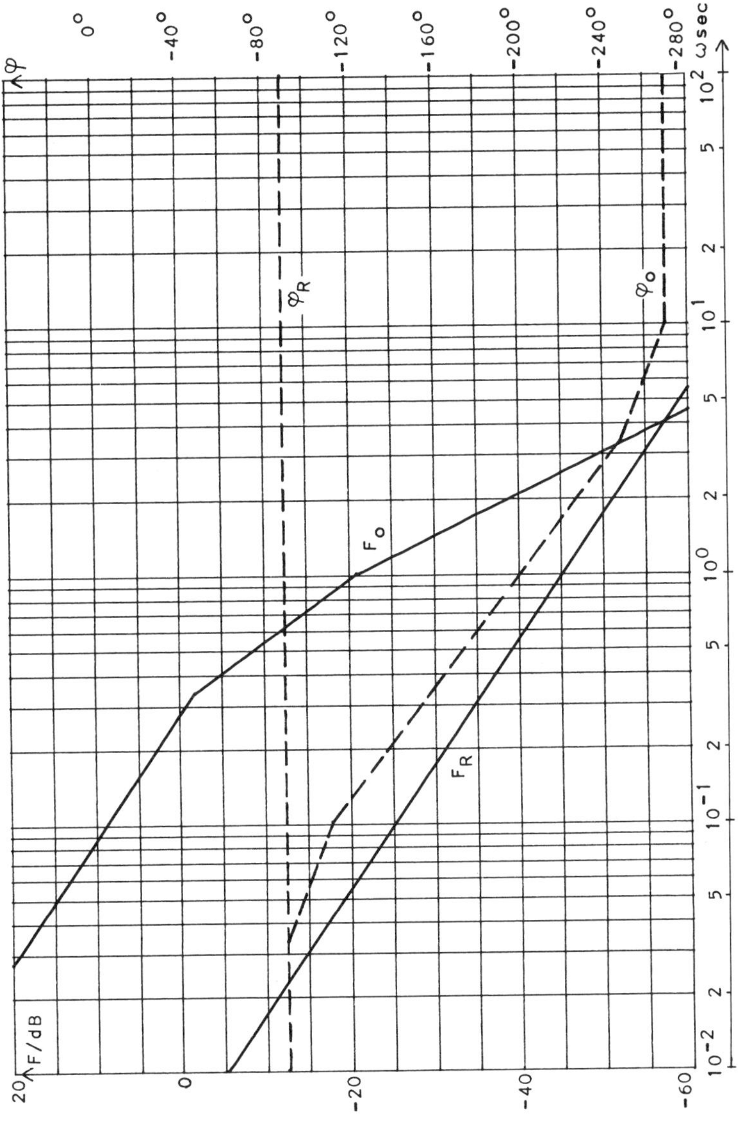


Bild 104 Bode-Diagramme zur Aufgabe **44** (I-Regler)

und Phasenrand nicht verringert werden. Das wird vermieden, wenn die Phasenkurve $\varphi_R$ des Regelverstärkers bei der Kreisfrequenz $\omega_\delta = 2{,}7/\text{sec}$ bereits auf $0^\circ$ angestiegen ist; dazu muß die Eckkreisfrequenz

$$\omega_{EPI} = 0{,}27/\text{sec}$$

gewählt werden. Damit wird die Nachstellzeit

$$T_n = 1/\omega_{EPI} = 3{,}7\ \text{sec}$$

und der Integrierbeiwert

$$K_I = K_P/T_n = 0{,}115/\text{sec}$$

Als Integrierbeiwert des offenen Regelkreises erhalten wir

$$K_{Io} = K_S K_I = 5{,}8/\text{sec}$$

Somit wird

$$1/K_{Io} = 0{,}173\ \text{sec}$$

Da die Zeit $1/K_{Io}$ wesentlich kleiner als die größere Zeitkonstante $T_2$ ist, kann eine zufriedenstellende Regelung erwartet werden.

Bild 105 zeigt die Bode-Diagramme des Regelverstärkers und des offenen Regelkreises.

Regelung mit PD-Regler : Die Phasenkurve $\varphi_S$ der Strecke unterschreitet $-180^\circ$ nicht; durch den positiven Phasenwinkel des Regelverstärkers läßt sich nun erreichen, daß die Phase $\varphi_o$ des offenen Regelkreises nicht mehr kleiner als der Winkel $\varphi_\delta = -150^\circ$ wird. Amplitudenrand- und Phasenrandbedingung sind dann für beliebige Proportionalbeiwerte $K_P$ des Regelverstärkers erfüllt; $K_P$ kann also beliebig groß gewählt und dadurch der Regelfaktor $r$ unter jeden gewünschten Wert gedrückt werden.

Um den Differenzierbeiwert $K_D$ (und damit den Verstärkungsaufwand) nicht unnötig groß werden zu lassen, sollte die Eckkreisfrequenz $\omega_{EPD}$ so groß wie möglich sein. Das ist erreicht, wenn die Phase $\varphi_o$ des offenen Regelkreises den Winkel $\varphi_\delta = -150^\circ$ gerade nicht mehr unterschreitet. Dazu muß dieser Winkel bei der Kreisfrequenz $\omega_\delta = 3{,}3/\text{sec}$

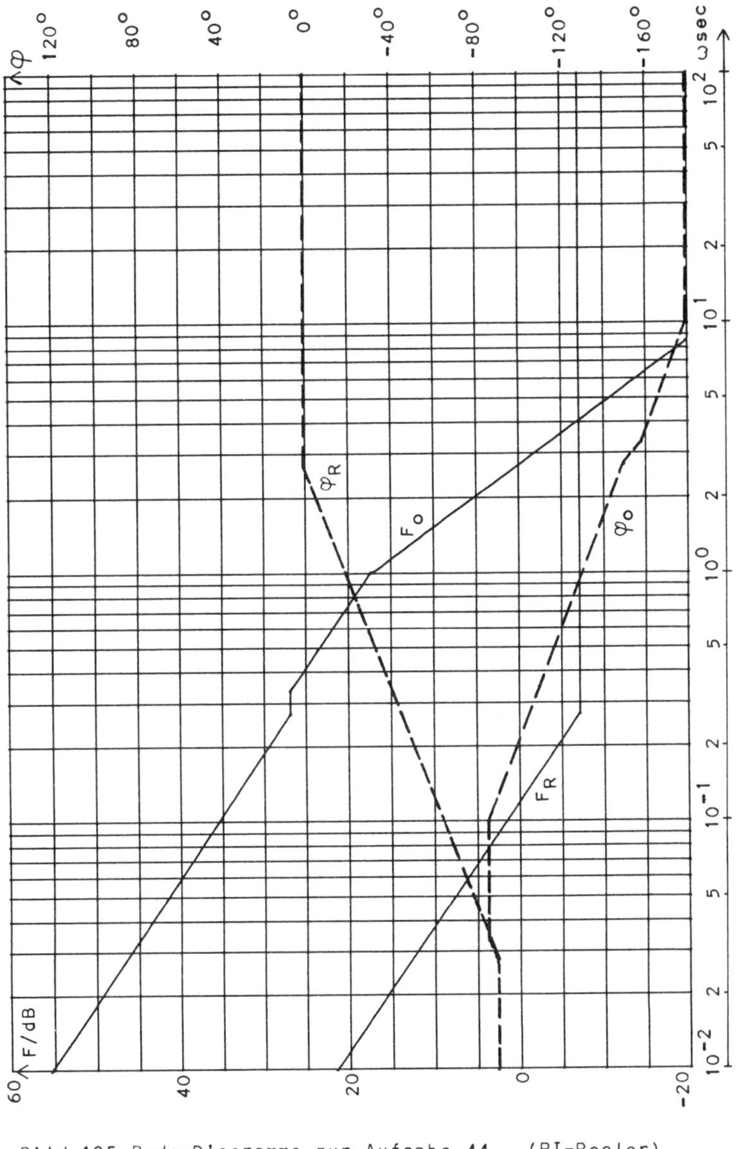


Bild 105 Bode-Diagramme zur Aufgabe 44 (PI-Regler)

erreicht werden, denn oberhalb $\omega_\delta$ bleibt die Phase $\varphi_o$ zunächst konstant (hier kompensieren sich ein Abfall der Streckenphase und ein Anstieg der Reglerphase) und steigt bei höheren Kreisfrequenzen wieder an. Man erhält den gewünschten Verlauf, wenn der ansteigende Teil der Phasenkurve $\varphi_R$ bei der Kreisfrequenz $0{,}1\ \omega_{EPD} = 2{,}2/\mathrm{sec}$ beginnt. Es folgt

$$\omega_{EPD} = 22/\mathrm{sec} \quad \text{und} \quad T_v = 1/\omega_{EPD} = 45\ \mathrm{msec}$$

Der Differenzierbeiwert $K_D$ ergibt sich aus der Vorhaltezeit $T_v$ und dem als Proportionalbeiwert $K_P$ gewählten Wert

$$K_D = K_P T_v$$

Bild 106 zeigt die Bode-Diagramme des Regelverstärkers und des offenen Regelkreises für

$$K_P = 2 \triangleq 6\ \mathrm{dB}$$

Mit diesem Wert ergibt sich ein Regelfaktor unter 1 % .

Regelung mit <u>PID-Regler</u> : Die für den PD-Regelverstärker ermittelten Werte können unverändert übernommen werden, doch erscheinen sie als Daten der Kettenschaltung ($K_{Pk}$, $T_{nk}$, $T_{vk}$). Insbesondere darf der Proportionalbeiwert $K_{Pk}$ beliebig groß sein. Der I-Anteil ist so hinzuzufügen, daß Amplituden- und Phasenrand nicht verschlechtert werden; deswegen muß der von dem PI-Knick erzeugte Phasengang bei der Kreisfrequenz $\omega_\delta = 3{,}3/\mathrm{sec}$ bis auf $0^o$ angestiegen sein. Das ist der Fall, wenn

$$\omega_{EPI} = 0{,}33/\mathrm{sec}$$

gewählt wird. Die ermittelten Werte

$$T_{nk} = 1/\omega_{EPI} = 3{,}0\ \mathrm{sec} \quad \text{und} \quad T_{vk} = 45\ \mathrm{msec}$$

lassen sich nach [2], Gl. (44) auf die Daten der Parallelschaltung umrechnen

$$T_n = T_{nk} + T_{vk} = 3{,}0\ \mathrm{sec} \qquad T_v = \frac{T_{nk} T_{vk}}{T_{nk} + T_{vk}} = 44\ \mathrm{msec}$$

Aus dem beliebig groß wählbaren Proportionalbeiwert $K_P$ ergeben sich dann die Werte

$$K_I = K_P/T_n \quad \text{und} \quad K_D = K_P T_v$$

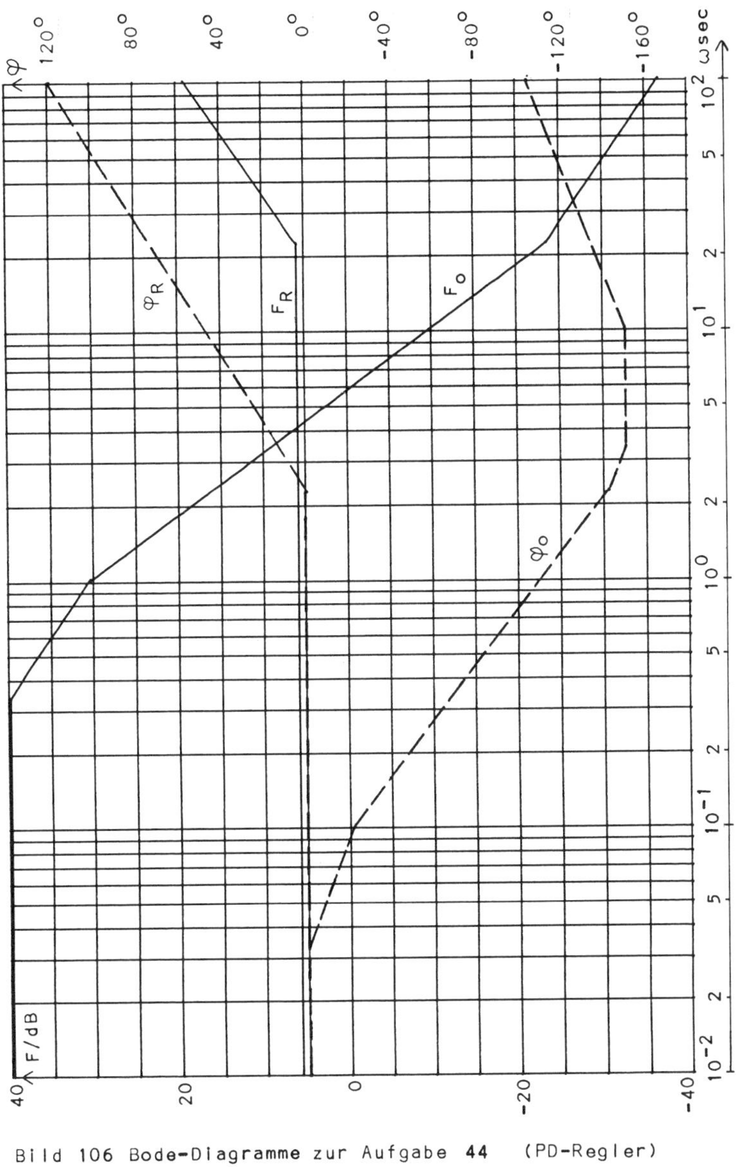


Bild 106 Bode-Diagramme zur Aufgabe **44** (PD-Regler)

Aufgabe 45 : Da es sich um eine periodische $P\text{-}T_2$-Strecke handelt, ist das Bode-Diagramm aus [1], Bild 50 und 51 zu ermitteln. Das Ergebnis zeigt Bild 107.

Regelung mit P-Regler : Wie bei Aufgabe 44 erreicht die Phase $\varphi_o$ des offenen Regelkreises den Winkel $-180^\circ$ erst im Unendlichen; die Amplitudenrandbedingung ist daher beliebig gut erfüllt.

Der Phasenwinkel $\varphi_\delta = \delta - 180^\circ = 45^\circ - 180^\circ = -135^\circ$ wird bei der Kreisfrequenz $\omega_\delta = 37/\mathrm{sec}$ erreicht; an dieser Stelle hat die Streckenamplitude $F_S \mathrel{\hat{=}} 29{,}3$ dB . Da die Kreisverstärkung 0 dB nicht übersteigen darf, ist

$$F_R = K_P = 0{,}034 \mathrel{\hat{=}} -29{,}3 \text{ dB}$$

zu wählen. Damit wird der Regelfaktor

$$r = \frac{1}{1 + K_o} = \frac{1}{1 + K_S K_P} = \frac{1}{1 + 0{,}68} = 60\ \%$$

Das ergibt keine brauchbare Regelung.

Regelung mit I-Regler : Da die Phase des Regelverstärkers $\varphi_R = -90^\circ$ ist, ergibt sich für den offenen Regelkreis die Phasenkurve $\varphi_o$ von Bild 108. Da sie bei der Kreisfrequenz $\omega_\varepsilon = 30/\mathrm{sec}$ $-180^\circ$ erreicht und bei dieser Kreisfrequenz $F_S \mathrel{\hat{=}} 34{,}0$ dB hat, folgt wegen $\varepsilon \geqq 8$ dB

$$F_R \mathrel{\hat{\leqq}} -34{,}0 \text{ dB} - 8 \text{ dB} = -42{,}0 \text{ dB} \quad \text{bei} \quad \omega_\varepsilon = 30/\mathrm{sec}$$

Der Winkel $\varphi_\delta = \delta - 180^\circ = 45^\circ - 180^\circ = -135^\circ$ wird bei der Kreisfrequenz $\omega_\delta = 25/\mathrm{sec}$ erreicht; der zugehörige Amplitudenwert der Strecke ist $F_S \mathrel{\hat{=}} 32{,}7$ dB. Um auf eine Kreisverstärkung von maximal 0 dB zu kommen, muß

$$F_R \mathrel{\hat{\leqq}} -32{,}7 \text{ dB} \quad \text{bei} \quad \omega_\delta = 25/\mathrm{sec}$$

sein. Die obere Bedingung (Amplitudenrand) ist schärfer; sie wird mit der Kurve $F_R$ von Bild 108 erfüllt. Die Kurve schneidet die Null-dB-Linie bei der Kreisfrequenz

$$K_I = 0{,}24/\mathrm{sec}$$

Damit wird $\quad K_{Io} = K_S K_I = 20 \cdot 0{,}24/\mathrm{sec} = 4{,}8/\mathrm{sec}$

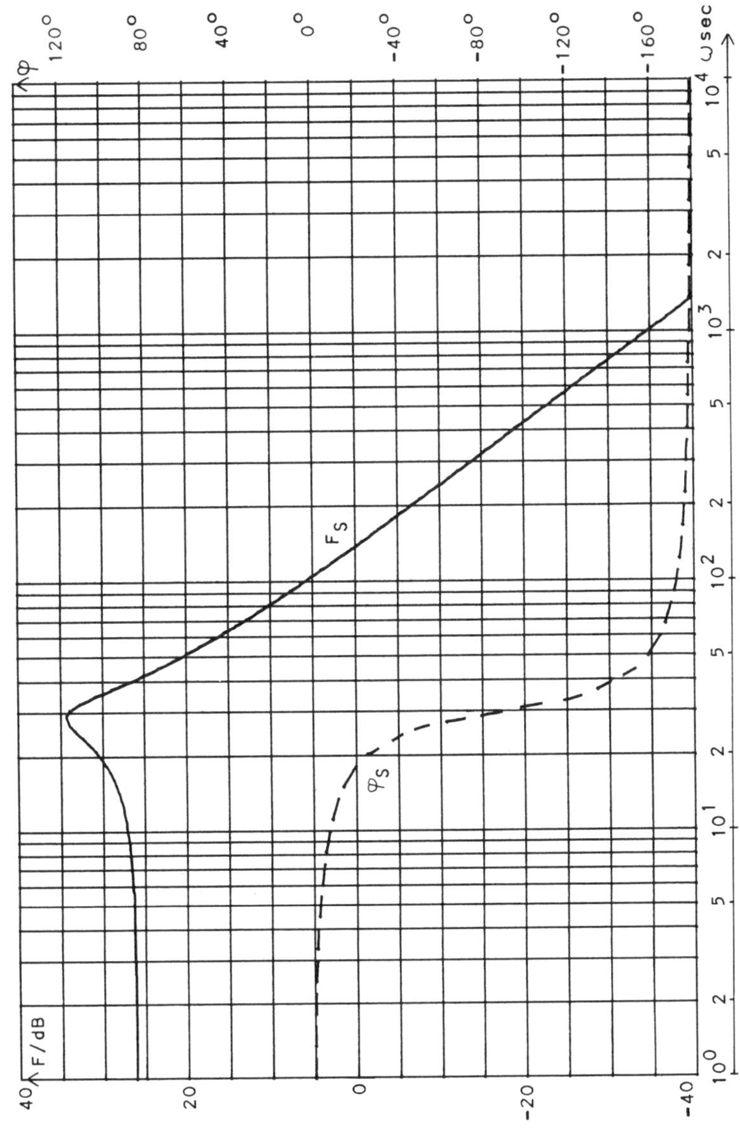


Bild 107 Bode-Diagramm der Strecke von Aufgabe 45

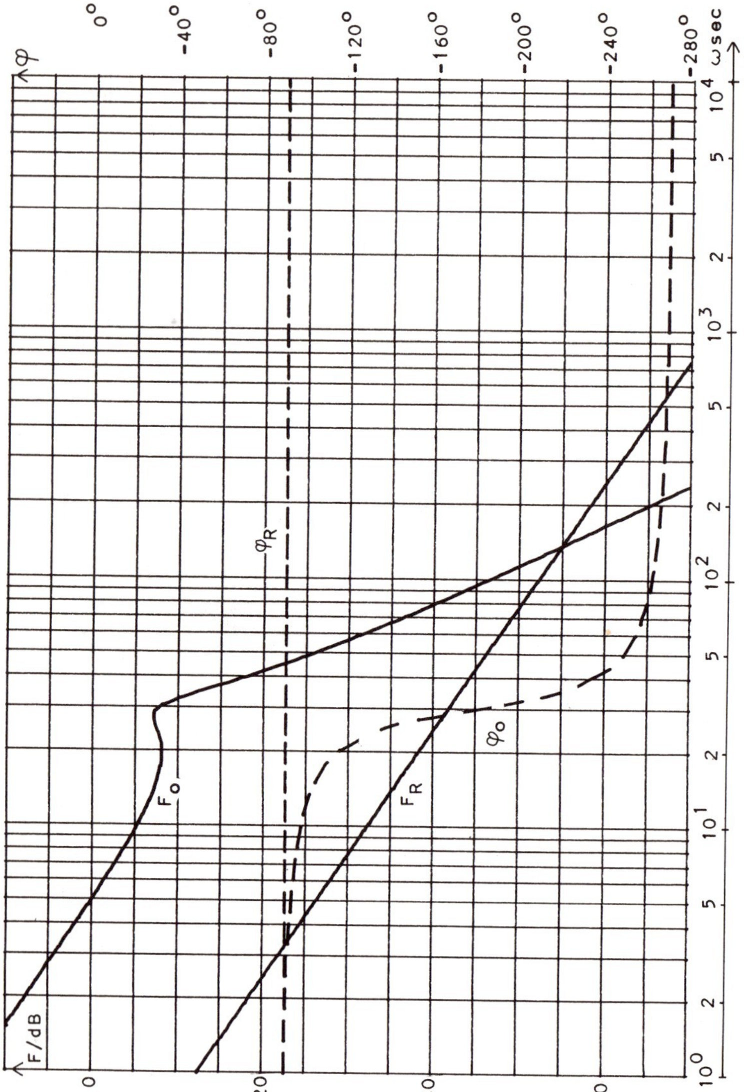


Bild 108 Bode-Diagramme zur Aufgabe 45 (I-Regler)

und $1/K_{Io} = 0{,}21$ sec

Diesen Wert vergleichen wir mit einer charakteristischen Zeit der Regelstrecke, als solche bietet sich der Reziprokwert der Kennkreisfrequenz $T_o = 1/\omega_o = 0{,}033$ sec an. Da $1/K_{Io}$ wesentlich größer ist, ist keine befriedigende Regelung zu erwarten.

Regelung mit <u>PI-Regler</u> : Man wird zunächst - wie bei Aufgabe 44 versuchen, mit dem gleichen Proportionalbeiwert $K_P = 0{,}034$ zu arbeiten wie beim P-Regler. Dann muß die Phase $\varphi_R$ des PI-Regelverstärkers bei der Kreisfrequenz $\omega_\delta = 37/\text{sec}$ auf $0^\circ$ angestiegen sein; demnach wäre zu setzen $\omega_{EPI} = 0{,}1\,\omega_\delta = 3{,}7/\text{sec}$ . Damit würde $T_n = 1/\omega_{EPI} = 0{,}27$ sec und $K_I = K_P/T_n = 0{,}13/\text{sec}$ .

Dieser Wert ist kleiner als der des I-Reglers; es würde also keine Verbesserung erzielt. Um zu einem besseren Ergebnis zu kommen, wird man jetzt vom I-Regler ausgehen. Dessen Integrierbeiwert $K_I$ wurde aus der Amplitudenrandbedingung bestimmt. Wenn hier durch einen zusätzlichen P-Anteil keine Verschlechterung eintreten soll, darf durch ihn die Amplitudenkurve bei der Kreisfrequenz $\omega_\varepsilon$ nicht angehoben werden. Dies tritt nicht ein, wenn die Eckkreisfrequenz $\omega_{EPI} \geqq \omega_\varepsilon$ ist. Wir wählen den kleinstmöglichen Wert

$$\omega_{EPI} = \omega_\varepsilon$$

Bei der Eckkreisfrequenz wird die Phase des Regelverstärkers $\varphi_R = -45^\circ$; bei $\omega_\varepsilon$ erreicht die Gesamtphase $\varphi_o$ den Wert $-180^\circ$. Sind beide Kreisfrequenzen gleich, muß die Streckenphase $\varphi_S = -135^\circ$ werden. Demnach ist nach Bild 107

$$\omega_{EPI} = \omega_\varepsilon = 37/\text{sec}$$

Damit ergibt sich die Nachstellzeit

$$T_n = \frac{1}{\omega_{EPI}} = 0{,}027 \text{ sec}$$

Bei der Eckkreisfrequenz $\omega_{EPI}$ hat die Streckenamplitude $F_S \triangleq 29{,}3$ dB . Da die Kreisverstärkung - 8 dB nicht über-

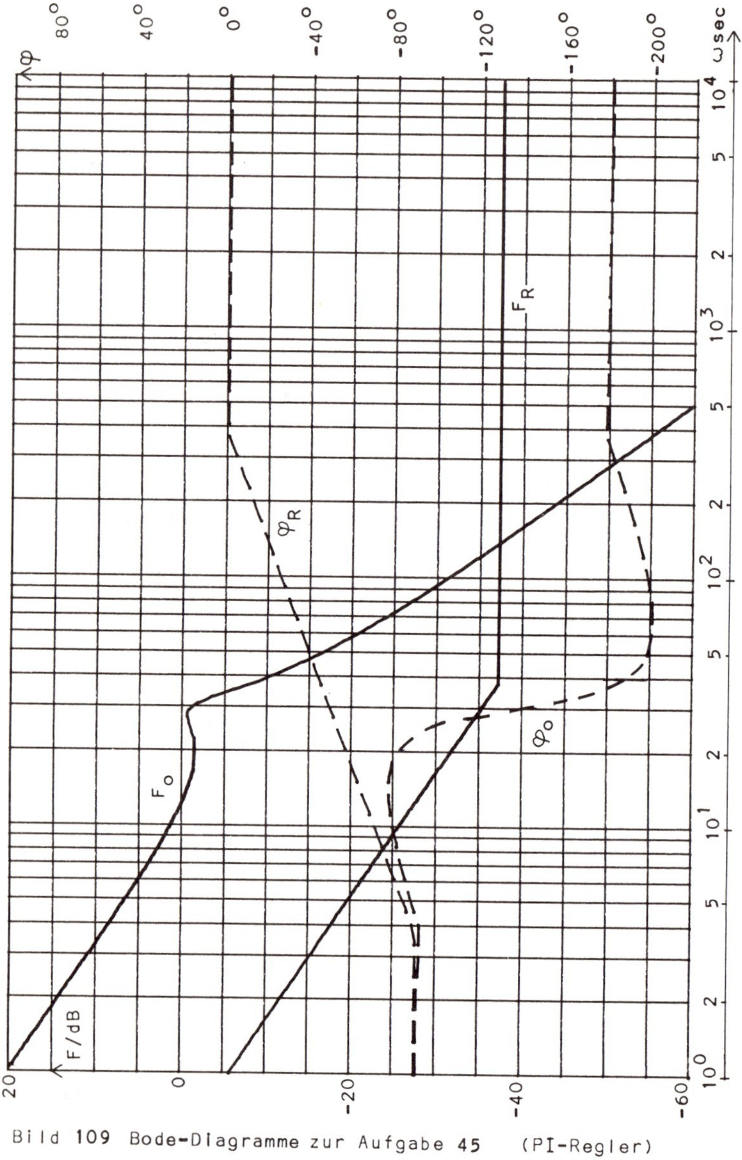


Bild 109 Bode-Diagramme zur Aufgabe 45 (PI-Regler)

steigen soll, folgt

$$F_R \stackrel{\wedge}{\leqq} -29{,}3\ \text{dB} - 8\ \text{dB} = -37{,}3\ \text{dB} \quad \text{für} \quad \omega = \omega_\varepsilon$$

Dieser Wert ist der Proportionalbeiwert $K_P$

$$K_P = 0{,}014 \triangleq -37{,}3\ \text{dB}$$

Damit wird $$K_I = K_P/T_n = 0{,}50/\text{sec}$$

sowie $$K_{Io} = K_S K_I = 10/\text{sec}$$

und $$1/K_{Io} = 0{,}1\ \text{sec}$$

Bei dieser Berechnung ist der Fehler der Amplitudenkurve des Regelverstärkers, der bei der Eckkreisfrequenz 3 dB beträgt, nicht berücksichtigt. Bei entsprechender Korrektur ergeben sich kleinere Übertragungsbeiwerte ($K_P = 0{,}01$ und $K_I = 0{,}35/\text{sec}$). In jedem Fall ist das Ergebnis zwar besser als beim I-Regler, aber noch nicht zufriedenstellend.

Die Bode-Diagramme des Regelverstärkers und des offenen Regelkreises zeigt Bild **109**.

Regelung mit PD-Regler : Durch den D-Anteil kann erreicht werden, daß die Phase $\varphi_o$ des offenen Regelkreises den Winkel $\varphi_\delta = -135^\circ$ nicht unterschreitet. Der Proportionalbeiwert kann dann beliebig groß gewählt und dadurch der Regelfaktor r auf jeden gewünschten Wert gebracht werden.

Um den Differenzierbeiwert $K_D$ nicht unnötig groß zu machen, soll die Eckkreisfrequenz $\omega_{EPD}$ so gewählt werden, daß die Phase $\varphi_o$ den Winkel $-135^\circ$ gerade noch erreicht. Wie Bild **110** zeigt, wird diese Bedingung mit

$$\omega_{EPD} = 128/\text{sec}$$

erfüllt (dieser Wert muß durch Probieren ermittelt werden). Damit ergibt sich die Vorhaltezeit

$$T_v = 1/\omega_{EPD} = 7{,}8\ \text{msec}$$

Bild **110** enthält die **Bode-Diagramme des Regelverstärkers** ($F_R, \varphi_R$) und des offenen **Regelkreises** ($F_o, \varphi_o$) für $K_P = 5$ (Bei diesem Wert bleibt der Regelfaktor r unter 1 %).

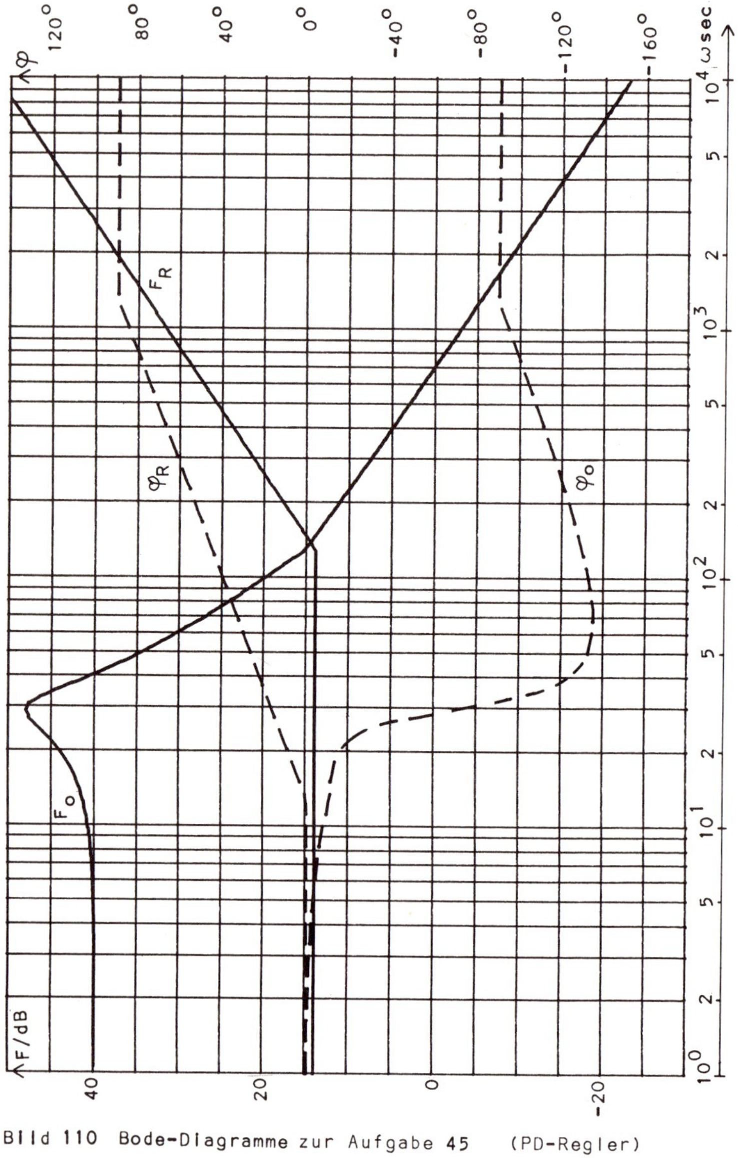


Bild 110 Bode-Diagramme zur Aufgabe 45 (PD-Regler)

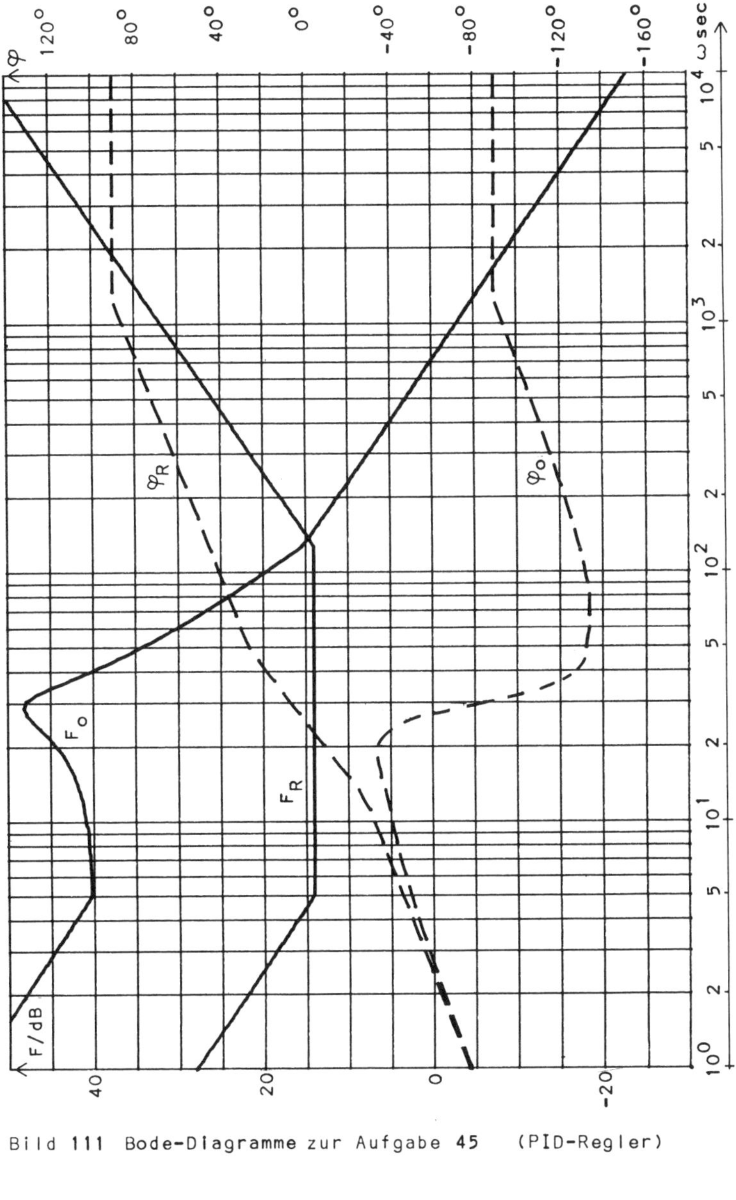


Bild 111 Bode-Diagramme zur Aufgabe 45 (PID-Regler)

Regelung mit PID-Regler : Da mit dem PD-Regler bereits ein sehr gutes Ergebnis erzielt wird, braucht nur noch ein I-Anteil in der Weise hinzugefügt werden, daß Amplituden- und Phasenrand nicht verkleinert werden. Die bereits ermittelten Werte können vom PD-Regler übernommen werden, doch müssen sie als Daten der Kettenschaltung aufgefaßt werden. Somit ist

$$T_{vk} = 7{,}8 \text{ msec}$$

Der vom PI-Knick herrührende Phasengang soll so verlaufen, daß der Phasengang $\varphi_o$ des offenen Regelkreises $-135^o$ nicht unterschreitet. Das wird erreicht, wenn

$$\omega_{EPI} = 5/\text{sec}$$

gewählt wird. Dann ist

$$T_{nk} = 1/\omega_{EPI} = 0{,}2 \text{ sec}$$

Nach [2], Gl. (44) erhält man die Daten der Parallelschaltung

$$T_n = T_{nk} + T_{vk} = 0{,}21 \text{ sec}$$

und

$$T_v = \frac{T_{nk}T_{vk}}{T_{nk} + T_{vk}} = 7{,}5 \text{ msec}$$

Der Proportionalbeiwert $K_P$ kann wieder beliebig gewählt werden. Bild **111** zeigt die Bode-Diagramme des Regelverstärkers $(F_R, \varphi_R)$ und des offenen Regelkreises $(F_o, \varphi_o)$ für $K_P = 5{,}2$ $(K_{Pk} = 5)$.

Aufgabe 46: a) Die Übertragungsfunktion der Strecke läßt sich schreiben

$$F_S(s) = \frac{K_{IS}}{s\left[1 + 2\vartheta s/\omega_o + (s/\omega_o)^2\right]}$$

mit $\vartheta = 1{,}06$ und $\omega_o = 0{,}707/\text{sec}$ .

Damit ergibt sich für den Regelkreis der Signalflußplan von Bild **112** . (Das $T_2$-Glied kann auch durch zwei $T_1$-Glieder mit den Zeitkonstanten $T_1$ und $T_2$ ersetzt werden.)

b) Es ist zweckmäßig, zunächst die Übertragungsfunktion des offenen Regelkreises aufzustellen. Da sie dimensionslos ist, erübrigt sich dann eine Normierung. Zudem ergibt sich wegen $T_v = T_1$ eine Vereinfachung. Es wird

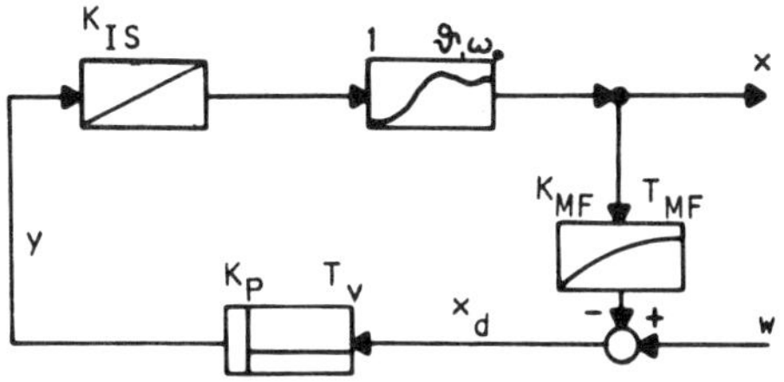


Bild **112** Signalflußplan des Regelkreises von Aufgabe **46**

$$F_o(s) = F_S(s)F_R(s)F_{MF}(s) = \frac{K_{IS}K_P(1 + T_v s)}{s(1 + T_1 s)(1 + T_2 s)} \cdot \frac{K_{MF}}{1 + T_{MF}s}$$

oder wegen $T_v = T_1$

$$F_o(s) = \frac{10^{-2}/\mathrm{sec}}{s(1 + T_2 s)(1 + T_{MF}s)}$$

Das ist I-$T_2$-Verhalten. Nach [2], Abschn. 4.1 ist zunächst das vereinfachte Bode-Diagramm zu zeichnen. (Von diesem sind mit Rücksicht auf die Übersichtlichkeit in Bild **113** nur die Knickpunkte aufgeführt.) Anschließend ist nach den gegebenen Richtlinien eine Korrektur durchzuführen. Das Ergebnis $F_o$, $\varphi_o$ zeigt Bild **113**.

c) Nach dem Bode-Diagramm von Bild **113** erreicht die Phase $\varphi_o$ den Winkel $-180^\circ$ bei der Kreisfrequenz $\omega_\varepsilon = 0{,}045/\mathrm{sec}$. Der zugehörige Amplitudenwert ist $F_o \mathrel{\hat{=}} -26{,}4$ dB; somit ist der Amplitudenrand

$$\varepsilon \mathrel{\hat{=}} 26{,}4 \text{ dB}$$

Die Amplitude $F_o$ nimmt den Wert 0 dB bei der Kreisfrequenz

$$\omega_\delta = 7{,}9 \cdot 10^{-3}/\mathrm{sec}$$

an. An dieser Stelle wird die Phase $\varphi_o = -131^\circ$. Der Phasenrand ist der Ergänzungswinkel zu $-180^\circ$, also

$$\delta = 180^\circ - 131^\circ = 49^\circ$$

d) Nunmehr ist der Phasenrand $\delta$ mit $30^\circ$ vorgegeben. Die Phase $\varphi_o$ erreicht den Winkel $\varphi_\delta = \delta - 180^\circ = -150^\circ$ bei

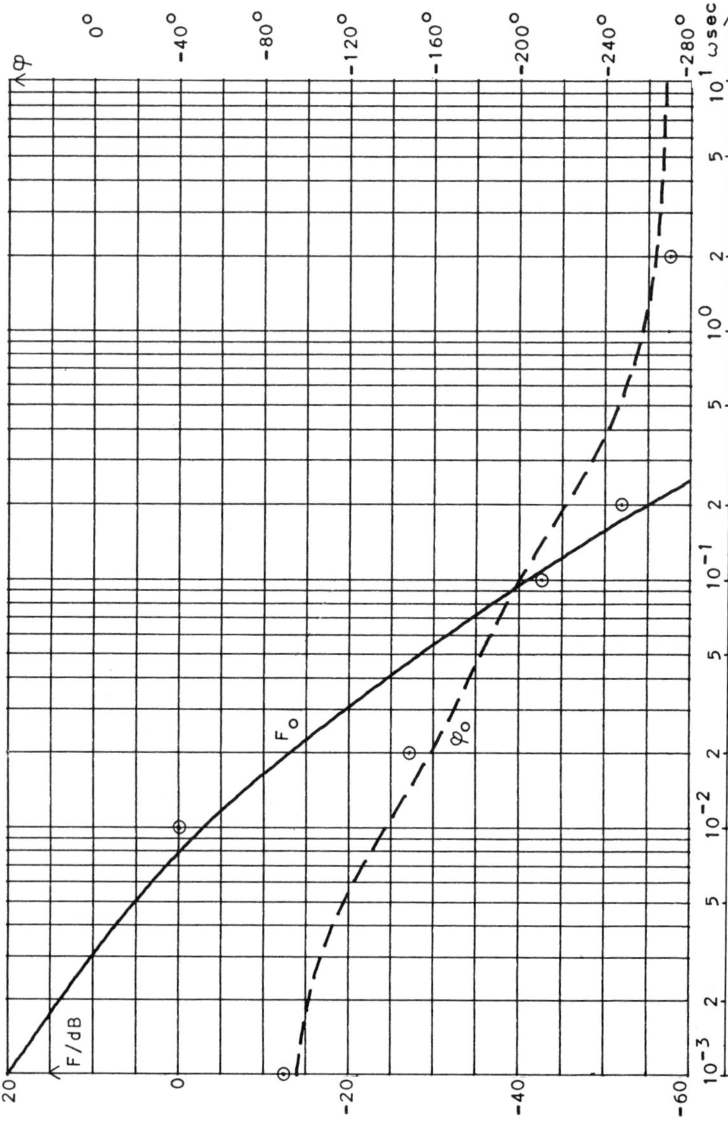


Bild 113 Bode-Diagramm des offenen Regelkreises (Aufg. 46)

der Kreisfrequenz 0,015/sec; der zugehörige Amplitudenwert ist $F_o \triangleq -8{,}4$ dB. Da maximal 0 dB zulässig sind, kann der Proportionalbeiwert $K_P$ des Regelverstärkers noch um 8,4 dB oder um den Faktor 2,6 auf $2{,}6 \cdot 10^6$ W/V vergrößert werden.

Aufgabe 47 : Bild **114** zeigt das Bode-Diagramm $F_S, \varphi_S$ der Regelstrecke. (Die eingezeichneten Punkte geben die Knickstellen des vereinfachten Bode-Diagramms an.)

Regelung mit P-Regler : Da die Phase $\varphi_o$ des offenen Regelkreises $-180^o$ nicht unterschreitet, wird die Amplitudenrandbedingung beliebig gut erfüllt.

Der Phasenwinkel $\varphi_\delta = \delta - 180^o = -120^o$ wird bei $\omega_\delta = 0{,}72$/sec erreicht; bei dieser Kreisfrequenz hat die Streckenamplitude $F_S \triangleq 25{,}1$ dB . Da die Kreisverstärkung 0 dB nicht übersteigen soll, folgt für den Regelverstärker

$$F_R = K_P \triangleq -25{,}1 \text{ dB}$$

oder

$$K_P = 0{,}056$$

Es ergibt sich als Integrierbeiwert des offenen Regelkreises

$$K_{Io} = K_{IS} K_P = 0{,}83/\text{sec} \quad \text{und somit} \quad 1/K_{Io} = 1{,}2 \text{ sec}$$

Die Regelung ist nicht schnell genug, zudem werden Störungen, die am Streckeneingang auftreten, wegen des kleinen Proportionalbeiwertes $K_P$ nur ungenügend ausgeregelt.

Regelung mit I-Regler : Die Phase $\varphi_o$ des offenen Regelkreises liegt $90^o$ unter der der Strecke und damit ständig unter $-180^o$; der Regelkreis ist daher instabil.

Regelung mit PI-Regler : Nach den Richtlinien von [2], Abschn. 4.1 ist beim PI-Regler mit einem um $5^o$ vergrößerten Phasenrand (also hier $\delta = 65^o$) zu rechnen; dafür darf dann für den Regelverstärker das vereinfachte Bode-Diagramm zugrunde gelegt werden. Mit diesem Phasenrand führen wir die Bestimmung des Proportionalbeiwertes (wie unter "Regelung mit P-Regler") noch einmal durch und erhalten

$$K_P = 0{,}043 \triangleq -27{,}4 \text{ dB} \qquad \text{und} \qquad \omega_\delta = 0{,}58/\text{sec}$$

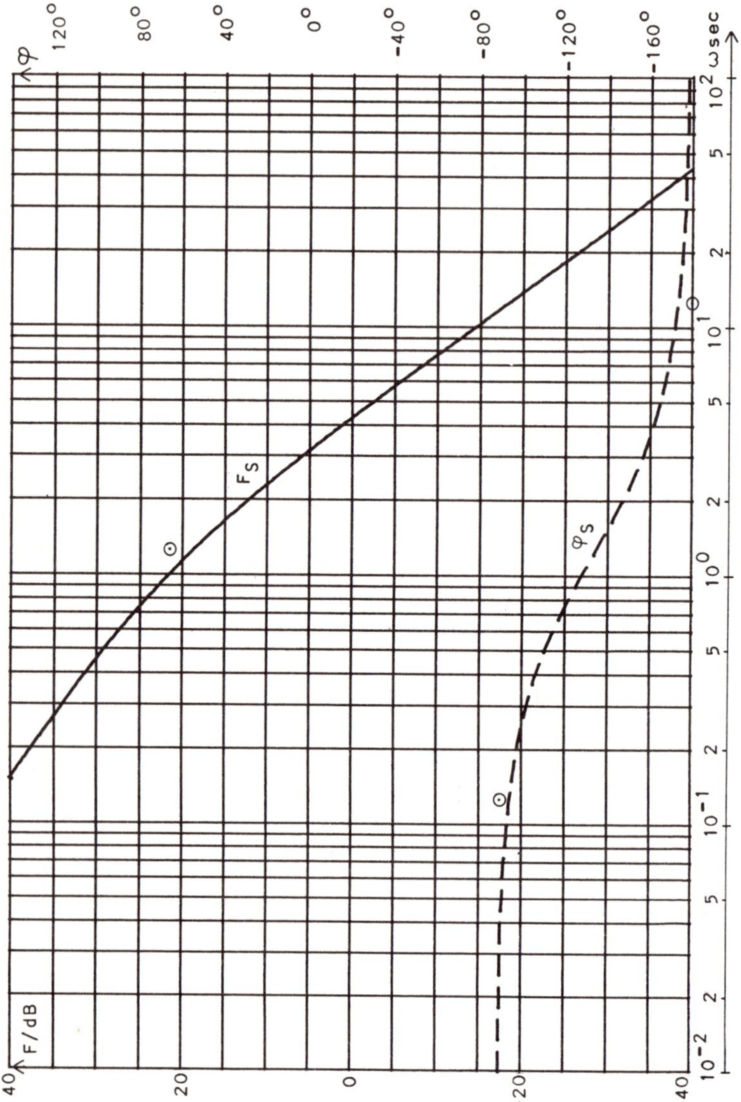


Bild 114 Bode-Diagramm der Strecke von Aufgabe 47

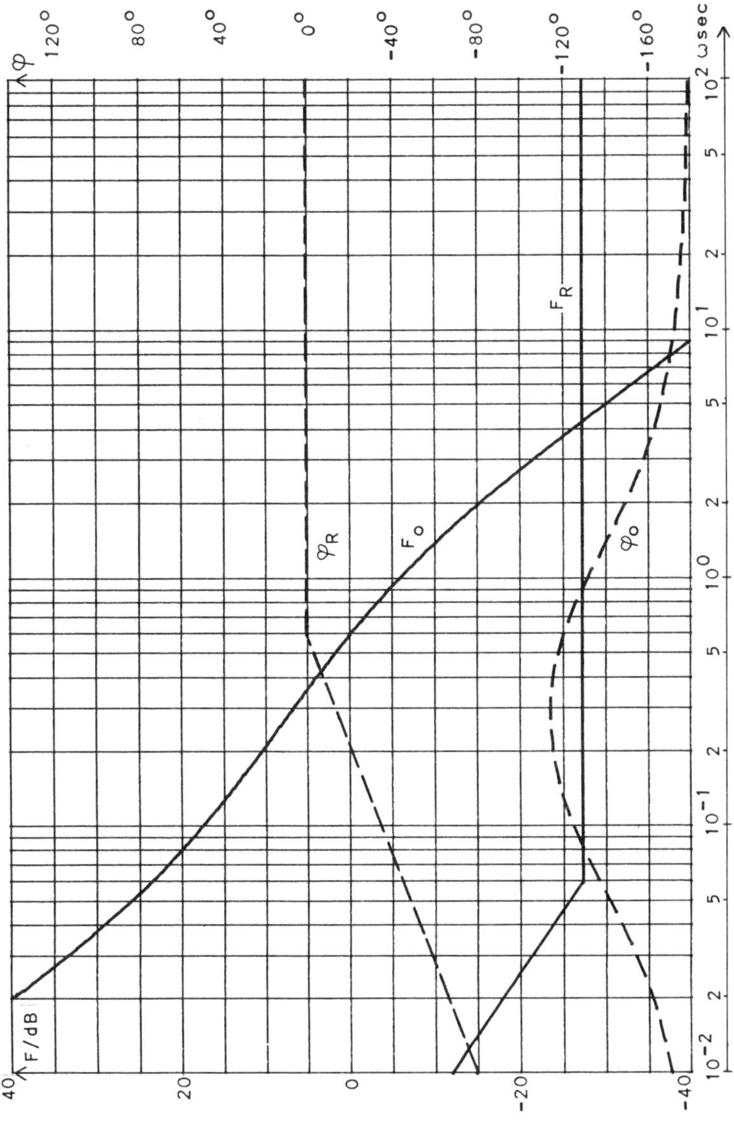


Bild 115 Bode-Diagramme zur Aufgabe 47 (PI-Regler)

Die Phasenkurve $\varphi_R$ des Regelverstärkers muß bei der Kreisfrequenz $\omega_\delta$ bereits $0^\circ$ erreicht haben; das ist der Fall, wenn man die Eckkreisfrequenz

$$\omega_{EPI} = 0{,}1 \cdot \omega_\delta = 0{,}058/\text{sec}$$

wählt. Damit wird die Nachstellzeit

$$T_n = 1/\omega_{EPI} = 17{,}2 \text{ sec}$$

und der Integrierbeiwert des Regelverstärkers

$$K_{IR} = K_P/T_n = 2{,}5 \cdot 10^{-3}/\text{sec}$$

Bild **115** zeigt das (vereinfachte) Bode-Diagramm des PI-Regelverstärkers $(F_R, \varphi_R)$ sowie das exakte Bode-Diagramm $F_o, \varphi_o$ des offenen Regelkreises. An diesem Diagramm kann nachträglich überprüft werden, ob das Verfahren mit der Näherungskurve zum richtigen Ergebnis führt. Man bestimmt den Phasenrand exakt zu $\delta = 59^\circ$; der vorgegebene Wert $(60^\circ)$ wird also nur um $1^\circ$ unterschritten.

Aufgabe 48 : a) Aus dem Nenner der Übertragungsfunktion erhält man die charakteristische Gleichung

$$4 + 2 \text{ sec} \cdot s + 1 \text{ sec}^2 \cdot s^2 + 2 \text{ sec}^3 \cdot s^3 = 0$$

Die zweite Bedingung des Hurwitz-Kriteriums (s. [2], Abschn. 2.6), nach der die Determinante

$$\begin{vmatrix} a_2 & a_o \\ a_3 & a_1 \end{vmatrix} = \begin{vmatrix} 1 \text{ sec}^2 & 4 \\ 2 \text{ sec}^3 & 2 \text{ sec} \end{vmatrix} = 2 \text{ sec}^3 - 8 \text{ sec}^3$$

positiv sein soll, ist nicht erfüllt; die Strecke ist instabil.

b) Nach dem Signalflußplan von Bild 71 a ergibt sich die Übertragungsfunktion

$$F_1(s) = \frac{x(s)}{y_1(s)} = \frac{K_P F_S(s)}{1 + K_P F_S(s)} =$$

$$= \frac{K_P(4 + 20 \text{ sec} \cdot s)}{4 + 2 \text{ sec} \cdot s + 1 \text{ sec}^2 \cdot s^2 + 2 \text{ sec}^3 \cdot s^3 + K_P(4 + 20 \text{ sec} \cdot s)} =$$

$$= \frac{K_P(4 + 20 \text{ sec} \cdot s)}{4(1 + K_P) + 2 \text{ sec} \cdot (1 + 10 K_P)s + 1 \text{ sec}^2 \cdot s^2 + 2 \text{ sec}^3 \cdot s^3}$$

Demnach ist die charakteristische Gleichung

$$4(1 + K_P) + 2\ \mathrm{sec}(1 + 10\ K_P) + 1\ \mathrm{sec}^2 \cdot s^2 + 2\ \mathrm{sec}^3 \cdot s^3 = 0$$

Wir prüfen die Stabilität mit dem Hurwitz-Kriterium (s. [2], Abschn. 2.6). Die Forderung a) (alle Koeffizienten positiv) ist erfüllt. Nach der Bedingung b) soll die Determinante

$$a_1 a_2 - a_o a_3 = 2\ \mathrm{sec}(1 + 10\ K_P) 1\ \mathrm{sec}^2 - 4(1 + K_P) \cdot 2\ \mathrm{sec}^3 > 0$$

sein. (Die Bedingung c) entfällt, weil es nur einreihige Unterdeterminanten gibt.)

Es folgt $2 + 20K_P - 8 - 8K_P > 0$

oder $K_P > 0,5$

Die Schleife ist für $K_P > 0,5$ stabil und für $K_P \leqq 0,5$ instabil.

c) Da $F_1(0) = K_P/(1 + K_P)$, wird nach den Grenzwertsätzen wegen $(y_1(t))_{t \to \infty} = 1$

$$(x(t))_{t \to \infty} = \frac{K_P}{1 + K_P}(y_1(t))_{t \to \infty} = \frac{K_P}{1 + K_P} = 0,5$$

Die bleibende Abweichung ist dann

$$(x(t) - y_1(t))_{t \to \infty} = \frac{K_P}{1 + K_P} - 1 = -\frac{1}{1 + K_P} = -0,5$$

d) Nach dem Signalflußplan von Bild 71b ergibt sich die Kreisübertragungsfunktion

$$F_o(s) = (K_I/s) \cdot F_1(s) =$$

$$= \frac{K_I K_P (4 + 20\ \mathrm{sec} \cdot s)}{s[4(1 + K_P) + 2\ \mathrm{sec} \cdot (1 + 10\ K_P)s + 1\ \mathrm{sec}^2 \cdot s^2 + 2\ \mathrm{sec}^3 \cdot s^3]}$$

und daraus die Führungsübertragungsfunktion

$$F_w(s) = \frac{F_o(s)}{1 + F_o(s)} = \frac{1}{1 + (1/F_o(s))}$$

Für $s \to 0$ strebt $F_o(s)$ gegen unendlich und infolgedessen $F_w(s)$ gegen 1. Nach den Grenzwertsätzen ist dann der stationäre Endwert $(x(t))_{t \to \infty} = 1$

und die bleibende Abweichung

$$(x_w(t))_{t \to \infty} = (x(t) - w(t))_{t \to \infty} = 0$$

Es ergibt sich die charakteristische Gleichung

$$1 + F_o(s) = 0$$

oder

$$4K_I K_P + (4 + 4K_P + 20\ \text{sec}\cdot K_I K_P)s + (2 + 20\ K_P)\text{sec}\cdot s^2 + 1\ \text{sec}^2\cdot s^3 + 2\ \text{sec}^3\cdot s^4 = 0$$

oder mit den gegebenen Werten

$$0{,}4/\text{sec} + 10\ s + 22\ \text{sec}\cdot s^2 + 1\ \text{sec}^2\cdot s^3 + 2\ \text{sec}^3\cdot s^4 = 0$$

Da die Determinanten

$$\begin{vmatrix} 1\ \text{sec}^2 & 10 & 0 \\ 2\ \text{sec}^3 & 22\ \text{sec} & 0{,}4/\text{sec} \\ 0 & 1\ \text{sec}^2 & 10 \end{vmatrix} = (220 - 0{,}4 - 200)\text{sec}^3 = 19{,}6\ \text{sec}^3$$

und

$$\begin{vmatrix} 1\ \text{sec}^2 & 10 \\ 2\ \text{sec}^3 & 22\ \text{sec} \end{vmatrix} = 22\ \text{sec}^3 - 20\ \text{sec}^3 = 2\ \text{sec}^3$$

positiv sind, sind alle Bedingungen des Hurwitz-Kriteriums erfüllt; der Regelkreis ist stabil.

Aufgabe 49 : Der Signalflußplan von Bild 72 läßt sich durch Verlagern einer Additionsstelle in den Signalflußplan von Bild 116 umformen.

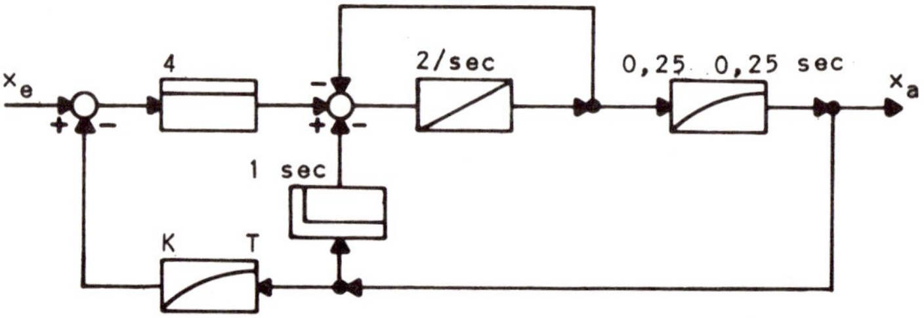


Bild 116 Umformung des Signalflußplanes von Bild 72

Nach den bekannten Regeln ergibt sich die Übertragungsfunktion

$$F(s) = \frac{4\,\dfrac{\dfrac{1}{1 + 0{,}5\ \mathrm{sec}\cdot s}\cdot\dfrac{0{,}25}{1 + 0{,}25\ \mathrm{sec}\cdot s}}{1 + \dfrac{0{,}25\ \mathrm{sec}\cdot s}{(1 + 0{,}5\ \mathrm{sec}\cdot s)(1 + 0{,}25\ \mathrm{sec}\cdot s)}}}{1 + 4\,\dfrac{\dfrac{0{,}25}{(1 + 0{,}5\ \mathrm{sec}\cdot s)(1 + 0{,}25\ \mathrm{sec}\cdot s)}}{1 + \dfrac{0{,}25\ \mathrm{sec}\cdot s}{(1 + 0{,}5\ \mathrm{sec}\cdot s)(1 + 0{,}25\ \mathrm{sec}\cdot s)}}\cdot\dfrac{K}{1 + Ts}}$$

$$= \frac{1 + Ts}{[(1 + 0{,}5\ \mathrm{sec}\cdot s)(1 + 0{,}25\ \mathrm{sec}\cdot s) + 0{,}25\ \mathrm{sec}\cdot s](1 + Ts) + K}$$

$$= \frac{1 + Ts}{1 + K + (1\ \mathrm{sec} + T)s + (\frac{1}{8}\ \mathrm{sec}^2 + 1\ \mathrm{sec}\cdot T)s^2 + \frac{T}{8}\ \mathrm{sec}^2\cdot s^3}$$

Durch Nullsetzen des Nenners ergibt sich die charakteristische Gleichung. Nach Hurwitz ist das System stabil, wenn die Determinante

$$\begin{vmatrix} 0{,}125\ \mathrm{sec}^2 + 1\ \mathrm{sec}\ T & 1 + K \\ 0{,}125\ \mathrm{sec}^2\ T & 1\ \mathrm{sec} + T \end{vmatrix}$$

$$= 0{,}125\ \mathrm{sec}^3 + 1\ \mathrm{sec}^2\cdot T + 1\ \mathrm{sec}\cdot T^2 - 0{,}125\ \mathrm{sec}^2\cdot TK$$

positiv ist. Das ergibt für den Proportionalbeiwert $K$

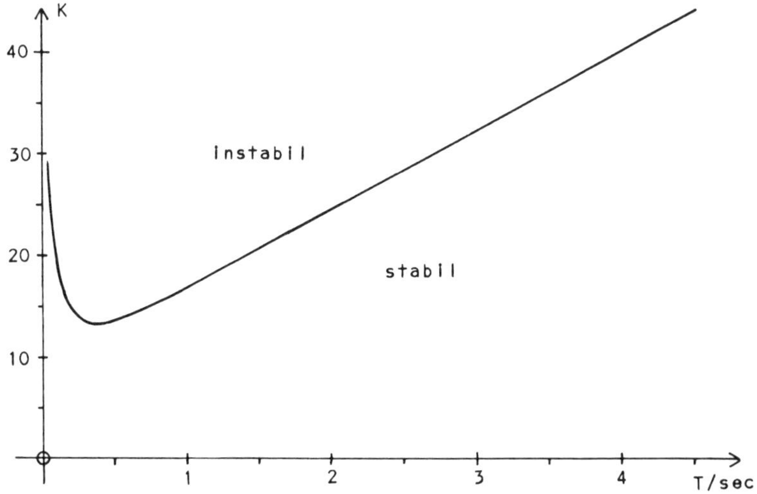


Bild 117 Stabiler und instabiler Bereich des Systems von Bild 72

die Bedingung $$K < \frac{1\,\mathrm{sec}}{T} + 8 + 8\frac{T}{\mathrm{sec}}$$

Bild 117 zeigt die Grenzkurve. Wertepaare K', T , die zu Punkten unterhalb der Kurve gehören, ergeben ein stabiles System; andere führen zur Instabilität.

Aufgabe 50 : a) Zuerst legt man an die Amplitudenkurve Tangenten (in Bild 119 punktiert). Dadurch findet man die Eckkreisfrequenzen

$$\omega_{E1} = 0{,}03/\mathrm{sec} \qquad \text{und} \qquad \omega_{E2} = 0{,}4/\mathrm{sec}$$

Die Amplitudenkurve deutet somit auf P-$T_2$-Verhalten mit dem Proportionalbeiwert $K_S = 32 \triangleq 30$ dB und den Zeitkonstanten $T_1 = 1/\omega_{E1} = 33$ sec und $T_2 = 1/\omega_{E2} = 2{,}5$ sec hin; dazu würde der Phasenverlauf $\varphi_{P-T_2}$ von Bild 119 gehören. Tatsächlich liegt die Streckenphase $\varphi_S$ bei hohen Kreisfrequenzen tiefer. Das weist darauf hin, daß zusätzlich eine Totzeit im Spiel ist. Diese läßt sich in folgender Weise bestimmen: Bei einer beliebigen (nicht zu kleinen) Kreisfrequenz, z. B. bei $\omega = 6/\mathrm{sec}$ , wird die Differenz $\varphi_S - \varphi_{P-T_2} = -86^\circ$ abgelesen; sie muß gleich der Phase $-\omega T_t$ des Totzeitgliedes sein

$$-\omega T_t = -86^\circ = -\frac{86^\circ}{180^\circ} = -1{,}5$$

oder $$T_t = \frac{1{,}5}{6/\mathrm{sec}} = 0{,}25\ \mathrm{sec}$$

Damit ergibt sich für die Strecke der Signalflußplan von Bild 118.

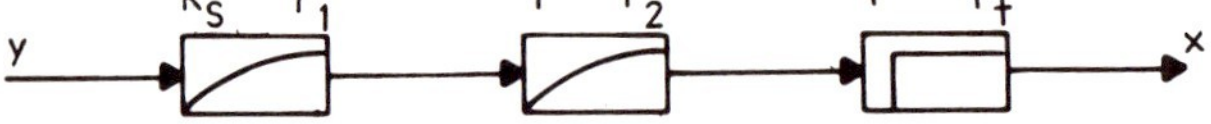


Bild 118 Signalflußplan der Strecke von Aufgabe 50

b) Die Übertragungsfunktion der Regelstrecke ist

$$F_S(s) = \frac{x(s)}{y(s)} = \frac{32 \cdot e^{-0{,}25\ \mathrm{sec}\cdot s}}{(1 + 33\ \mathrm{sec}\cdot s)(1 + 2{,}5\ \mathrm{sec}\cdot s)}$$

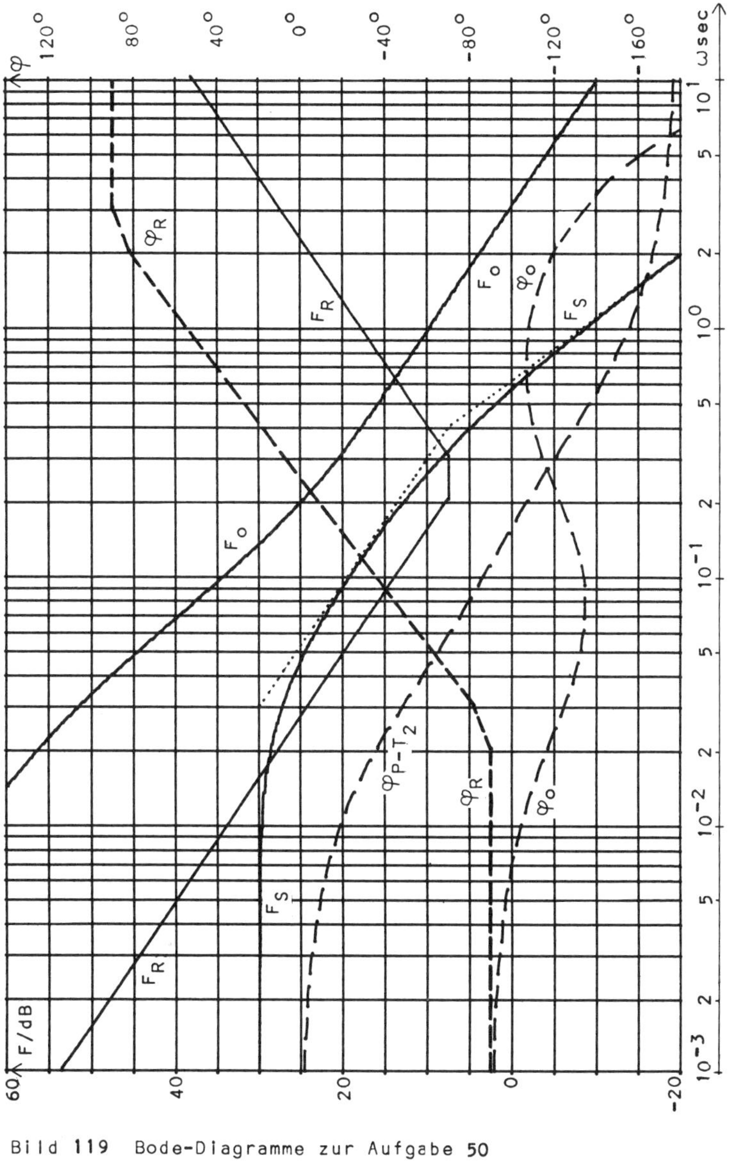


Bild 119 Bode-Diagramme zur Aufgabe 50

c) Bei einem Totzeitverhalten in der Regelstrecke führt ein D-Anteil im Regelverstärker häufig zur Instabilität. Hier ist die Totzeit jedoch klein gegenüber den Zeitkonstanten des $P\text{-}T_2$-Anteils und spielt deshalb nur eine geringe Rolle. Darauf ist es zurückzuführen, daß (wie die folgende Betrachtung zeigt) eine Regelung mit PID-Regler möglich ist.

Nach den Richtlinien von [2], Abschn. 4.1 ist für den PID-Regler mit einem um $10^\circ$ erhöhten Phasenrand (hier also $55^\circ$) zu rechnen; dafür kann dann für den Regelverstärker das vereinfachte Bode-Diagramm zugrunde gelegt werden. Nimmt man an, daß die positive Phasendrehung um $90^\circ$ des Regelverstärkers bei den Kreisfrequenzen $\omega_\varepsilon$ und $\omega_\delta$, bei denen Amplituden- und Phasenrand abgelesen werden, voll wirksam wird, so kann man von einer Gesamtphase $\varphi_o$ ausgehen, die um $90^\circ$ über der Phasenkurve $\varphi_S$ der Strecke (Bild 73) liegt. Die Phase $\varphi_o$ erreicht dann $-180^\circ$ bei $\omega_\varepsilon = 6{,}5/\text{sec}$. Bei dieser Kreisfrequenz hat die Streckenamplitude

$$F_S \triangleq -40{,}6 \text{ dB}$$

Um den Amplitudenrand von 8 dB einzuhalten, muß

$$F_R \mathrel{\hat{\leqq}} 40{,}6 \text{ dB} - 8 \text{ dB} = 32{,}6 \text{ dB} \qquad \text{bei} \quad \omega_\varepsilon = 6{,}5/\text{sec}$$

sein (Amplitudenrandbedingung).

Den Winkel $\varphi_\delta = \delta - 180^\circ = 55^\circ - 180^\circ = -125^\circ$ erreicht die Phase $\varphi_o$ bei der Kreisfrequenz $\omega_\delta = 3{,}0/\text{sec}$. Der zugehörige Wert der Streckenamplitude ist $F_S \triangleq -27{,}5$ dB. Da an dieser Stelle die Kreisverstärkung 0 dB nicht übersteigen darf, folgt

$$F_R \mathrel{\hat{\leqq}} 27{,}5 \text{ dB} \qquad \text{bei} \quad \omega_\delta = 3{,}0/\text{sec} \text{ (Phasenrandbedingung)}$$

Die zweite Bedingung ist - auch bei Berücksichtigung des Anstiegs der Regleramplitude von $\omega_\delta$ bis $\omega_\varepsilon$ - die schärfere.

Da die Phase $\varphi_R$ des Regelverstärkers bis zur Kreisfrequenz $\omega_\delta$ den Wert $0^\circ$ erreicht haben soll, muß als Eckkreisfrequenz

$$\omega_{EPD} = 0{,}1\,\omega_\delta = 0{,}3/\text{sec}$$

gewählt werden. Damit ergibt sich die Vorhaltezeit

$$T_{vk} = 1/\omega_{EPD} = 3{,}3/\text{sec}$$

Die Amplitude des Regelverstärkers steigt von der Eckkreisfrequenz $\omega_{EPD}$ bis $\omega_\delta$ um 20 dB an; bei $\omega_{EPD}$ nimmt sie den Proportionalbeiwert $K_{Pk}$ an. Somit wird

$$K_{Pk} = 2{,}4 \triangleq 7{,}5 \text{ dB}$$

Nun ist noch der I-Anteil so zu bemessen, daß Amplitudenrand und Phasenrand nicht verschlechtert werden. Dabei soll die Gesamtphase $\varphi_o$ auch bei Kreisfrequenzen $\omega < \omega_\delta$ die $-125^o$- Linie nicht mehr unterschreiten. Das wird vermieden, wenn die Eckkreisfrequenz

$$\omega_{EPI} = 0{,}2/\text{sec}$$

gewählt wird. Damit ergibt sich die Nachstellzeit

$$T_{nk} = 1/\omega_{EPI} = 5 \text{ sec}$$

Nach [2], Gl. (44) erhält man als Daten der Parallelschaltung

$$K_P = K_{Pk}(1 + T_{vk}/T_{nk}) = 4{,}0 \qquad T_n = T_{nk} + T_{vk} = 8{,}3 \text{ sec}$$

$$T_v = T_{nk}T_{vk}/(T_{nk} + T_{vk}) = 2{,}0 \text{ sec}$$

$$K_I = K_P/T_n = 0{,}48/\text{sec} \qquad K_D = K_P T_v = 8{,}0 \text{ sec}$$

Damit wird der Integrierbeiwert des offenen Regelkreises

$$K_{Io} = K_S K_I = 15{,}4/\text{sec}$$

und

$$1/K_{Io} = 65 \text{ msec}$$

Da diese Zeit sehr viel kleiner als die größte Zeitkonstante ($T_1 = 33$ sec) der Strecke ist, ist eine sehr gute Regelung zu erwarten.

Bild **119** zeigt das (angenäherte) Bode-Diagramm $F_R$, $\varphi_R$ des Regelverstärkers sowie das exakte Bode-Diagramm $F_o$, $\varphi_o$ des offenen Regelkreises. An diesem Diagramm kann - wie in Aufgabe **47** - das Verfahren nachträglich überprüft werden. Der vorgeschriebene Phasenrand von $45^o$ wird **eingehalten.**

## Lösungen der Aufgaben von Abschnitt 4.

Aufgabe 51: An einem stationären Betriebspunkt verschwinden alle Ableitungen nach der Zeit. Deshalb gilt

$$Y_o = f(X_o) = X_o^2 + 4X_o$$

mit der positiven Lösung $X_o = \sqrt{Y_o + 4} - 2 = 0{,}236$.
Für kleine Änderungen um den Betriebspunkt wird geschrieben

$$x = X_o + \Delta x, \quad y = Y_o + \Delta y$$

und es ist $\dot{x} = \Delta\dot{x}$, $\ddot{x} = \Delta\ddot{x}$.
Die linearisierte Differentialgleichung lautet

$$a_2\Delta\ddot{x} + a_1\Delta\dot{x} + \left.\frac{df(x)}{dx}\right|_{x=X_o} \Delta x = \Delta y$$

oder mit den gegebenen Werten

$$1\ \sec^2\Delta\ddot{x} + 2\ \sec\Delta\dot{x} + 2\sqrt{5}\Delta x = \Delta y$$

Nun läßt sich die Übergangsfunktion h(t) für diesen Betriebspunkt berechnen

$$h(t) = 0{,}224[1 - 1{,}135\ e^{-t/\sec}\cos(1{,}86t/\sec - 28{,}3^o)]$$

Aufgabe 52: Für kleine Auslenkungen x kann sin x = x gesetzt werden. Die Differentialgleichung ist dann linear, und es wird $x(t) = X_o \cos\omega_o t$, mit $\omega_o = g/l$, und die Zustandskurve

$$\frac{x_1^2}{X_{10}^2} + \frac{x_2^2}{X_{20}^2\,\omega_o^2} = 1$$

Das sind Ellipsen mit dem Mittelpunkt im Ursprung. Mit der Normierung $y_1 = x_1$ und $y_2 = x_2/\omega_o$ ergeben sich Kreise um den Nullpunkt mit dem Anfangswert $X_{10}$ als Radius

$$y_1^2 + y_2^2 = X_{10}^2$$

Für größere Auslenkungen muß die Sinusfunktion berücksichtigt werden. Die Differentialgleichung für die Zustandskurven wird dann

$$\frac{dx_2}{dx_1} = \frac{-\omega_o^2 \sin x_1}{x_2}$$

und normiert

$$\frac{dy_2}{dy_1} = - \frac{\sin y_1}{y_2}$$

Die Lösung lautet $y_2 = \pm \sqrt{2(\cos y_1 - \cos X_{10})}$

Das sind geschlossene Kurven symmetrisch zu beiden Achsen. Die Zustandskurven beschreiben Dauerschwingungen, dargestellt in Bild **120**.

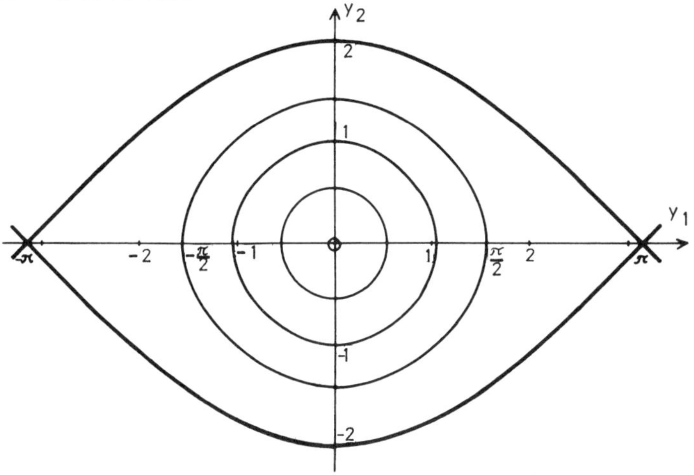


Bild **120** Zustandskurven für die Eigenbewegung eines ungedämpften Pendels

Physikalisch gesehen hat eine Auslenkung von mehr als $180^{\circ}$ keinen Sinn. Dazu würde eine neue Ruhelage von $\pm 360^{\circ}$ gehören. Bei genau $180^{\circ}$ Auslenkung kann das Pendel nach links oder rechts fallen. Daher ist der Bereich für Auslenkungen bis $\pm\pi$ abgegrenzt. Die Kurvenscharen wiederholen sich mit der Periode $2\pi$ in $y_1$-Richtung. Die Zustandskurve, die diese Bereiche abgrenzt, heißt Separatrix. Liegen Anfangswerte außerhalb der von den Separatrizen umschriebenen Bereiche, z.B. $Y_{10} = 2$ und $Y_{20} = 2$, dann rotiert das Pendel. Die Zustandskurve beschreibt eine Wellenlinie entlang dieser Bereiche.

Aufgabe 53: Die Differentialgleichungen für die Zustandsgrößen entnimmt man dem Signalflußplan, Bild 85 a.

$$x_1 + T_2\dot{x}_1 = x_2 \qquad \text{oder} \qquad \dot{x}_1 = (-x_1 + x_2)/T_2$$

$$x_2 + T_1\dot{x}_2 = Ky \qquad\qquad \dot{x}_2 = (-x_2 + Ky)/T_1$$

Dabei ist $y = Y_s$ oder $y = 0$, abhängig von $x_d = w - x$. Beide Differentialgleichungen werden im Zeitbereich gelöst. Für die Temperaturänderung $x_1$ kann man auch die Differentialgleichung zweiter Ordnung mit der bekannten Lösung ansetzen. Man erhält

$$x_1(t) = Ky + \frac{T_1(X_{20} - Ky)}{T_1 - T_2}\,e^{-t/T_1} + \left(X_{10} - Ky - \frac{T_1(X_{20} - Ky)}{T_1 - T_2}\right)e^{-t/T_2}$$

$$x_2(t) = Ky + (X_{20} - Ky)e^{-t/T_1}$$

Die zweite Gleichung wird nach der Zeit t aufgelöst

$$t = -T_1 \ln \frac{x_2 - Ky}{X_{20} - Ky}$$

Dieser Ausdruck wird in die Gleichung von $x_1$ eingesetzt, dann erhält man die Gleichung für die Zustandskurve

$$\frac{x_1\left(\frac{T_1}{T_2} - 1\right) - \frac{T_1}{T_2}x_2 + Ky}{X_{10}\left(\frac{T_1}{T_2} - 1\right) - \frac{T_1}{T_2}X_{20} + Ky} = \left(\frac{x_2 - Ky}{X_{20} - Ky}\right)^{T_1/T_2}$$

Zu Beginn, nach Einschalten des Sollwertes w, sind $y = Y_s$ und $X_{10} = X_{20} = 0$, bis $x_1 = W + \varepsilon$ wird, dann schaltet der Regler ab, $y = 0$, und die Kurve wird mit den neuen Anfangswerten $X_{10} = W + \varepsilon$ und dem zugehörigen $X_{20}$ weiter berechnet. Wird $x_1 = W - \varepsilon$, dann schaltet der Regler wieder auf $Y_s$, und als Anfangswerte gelten nun die beim Umschalten bestehenden Werte. Damit ist die Schaltbedingung für $x_1$ festgelegt. Für $x_2$ entnimmt man sie den Differentialgleichungen: Das Einschalten (von 0 auf $Y_s$) erfolgt unterhalb der Geraden $x_2 = x_1$ das Abschalten oberhalb dieser Geraden. Die Zustandskurve in Bild 121 (Schaltlinie gestrichelt) zeigt, daß sich nach einmaligem Überschwingen eine Dauerschwingung einstellt. (Die Frequenz ließe sich mit dem Zwei-Ortskurven-Verfahren bestimmen.)

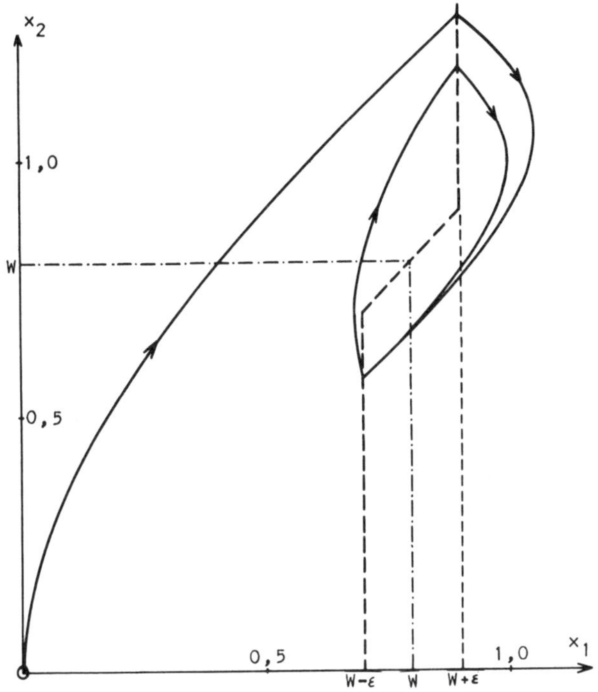


Bild 121 Zustandskurve für die Zweipunkt-Temperaturregelung

<u>Aufgabe 54:</u> Wenn wir wie in Beispiel 21 vorgehen, haben wir für den Realteil der Beschreibungsfunktion folgendes Integral zu lösen

$$N_R(X_s) = \frac{2\,Y_s}{\pi X_s^2}\left[\int_{-X_s}^{-a+2\varepsilon} \frac{-\,x\,dx}{\sqrt{X_s^2 - x^2}} + \int_{-a+2\varepsilon}^{a} \frac{(x-\varepsilon)\,x\,dx}{(a-\varepsilon)\sqrt{X_s^2 - x^2}} + \int_{a}^{X_s} \frac{x\,dx}{\sqrt{X_s^2 - x^2}}\right]$$

Das ergibt

$$N_R(X_s) = \frac{Y_s}{\pi(a - \varepsilon)} \left[ \frac{a - 2\varepsilon}{X_s} \sqrt{1 - \frac{(a - 2\varepsilon)^2}{X_s^2}} + \frac{a}{X_s} \sqrt{1 - \frac{a^2}{X_s^2}} \right.$$

$$\left. + \arcsin \frac{a - 2\varepsilon}{X_s} + \arcsin \frac{a}{X_s} \right]$$

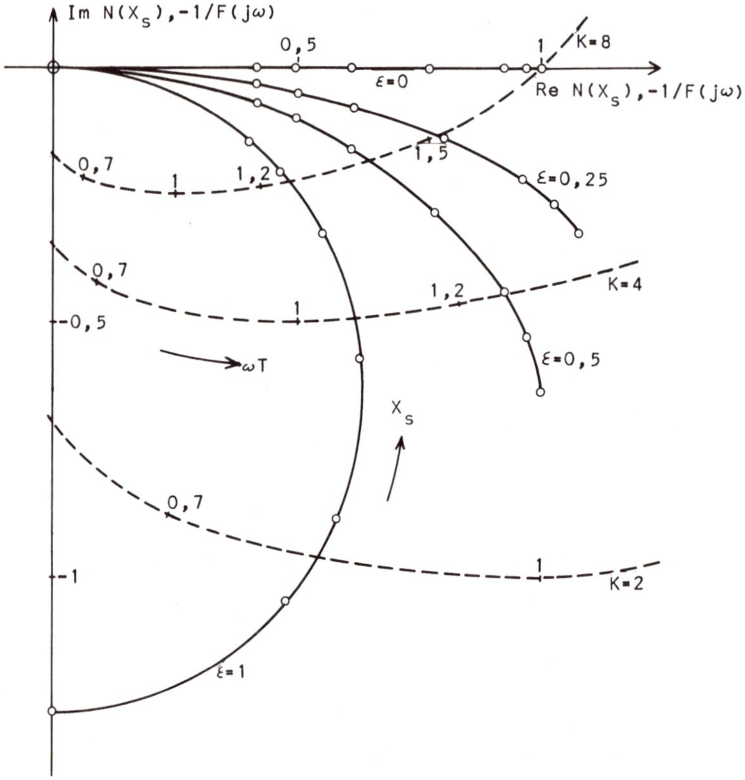


Bild 122 Zwei-Ortskurven-Verfahren für Stellglied mit Hysterese und P-$T_3$-Strecke ($X_s$-Werte von außen nach innen jeweils 1; 1,1; 1,2; 1,5; 2; 2,5; 3)

Der Imaginärteil der Beschreibungsfunktion wird aus dem Flächeninhalt der Kennlinie ermittelt

$$N_I(X_s) = - \frac{4Y_s \varepsilon}{\pi X_s^2}$$

Für $\varepsilon = 0$ ergibt sich die Begrenzerkennlinie (vergl. [2] Beispiel 25), für $a = \varepsilon$ die Kennlinie des Zweipunktreglers mit Hysterese (vergl. [2] Gl. (80)). In Bild **122** sind die verschiedenen Fälle für die Beschreibungsfunktion $N(X_s)$ und den negativ inversen Frequenzgang $- 1/F(j\omega)$ der Strecke (gestrichelte Linien, $\omega T$ als laufender Parameter) gezeigt.

Dem Diagramm von Bild **122** entnimmt man folgende Ergebnisse

$K = 2$: Schnittpunkt von $N(X_s)$ und $-1/F(j\omega)$ in nur einem Fall

$\varepsilon = 1$ in $(0{,}55 - j0{,}96)$ mit $\omega T = 0{,}86$ und $X_s = 1{,}15$

$K = 4$: Schnittpunkte in zwei Fällen

$\varepsilon = 1$ in $(0{,}62 - j0{,}49)$ mit $\omega T = 1{,}07$ und $X_s = 1{,}61$

$\varepsilon = 0{,}5$ in $(0{,}93 - j0{,}44)$ mit $\omega T = 1{,}25$ und $X_s = 1{,}20$

$K = 8$: Schnittpunkte in allen vier Fällen

$\varepsilon = 1$ in $(0{,}48 - j0{,}22)$ mit $\omega T = 1{,}28$ und $X_s = 2{,}40$

$\varepsilon = 0{,}5$ in $(0{,}64 - j0{,}17)$ mit $\omega T = 1{,}43$ und $X_s = 1{,}92$

$\varepsilon = 0{,}25$ in $(0{,}78 - j0{,}13)$ mit $\omega T = 1{,}55$ und $X_s = 1{,}56$

$\varepsilon = 0$ in $(1{,}0 - j0)$ mit $\omega T = 1{,}73$ und $X_s = 1{,}0$

Die Tendenz ist leicht zu erkennen: je größer die Verstärkung K bzw. je größer die Hysterese $\varepsilon$ um so mehr neigt der Kreis dazu, Dauerschwingungen auszuführen. Die Amplitude $X_s$ wächst mit der Hysterese $\varepsilon$ und der Verstärkung K. Die Kreisfrequenz $\omega$ wächst mit K, nimmt aber mit der Hysterese $\varepsilon$ ab.

## Anhang

### Literatur

[1] Vaske, P.: Übertragungsverhalten elektrischer Netzwerke. Stuttgart 1971

[2] Ebel, T.: Regelungstechnik. Stuttgart 1973

Beide Bände sind als Teubner - Studienskripten erschienen.

**Angaben von Laplace-Korrespondenzen in diesem Buch beziehen sich auf die in [1] und [2] enthaltene Korrespondenztabelle.**

### Einheiten und Formelzeichen

Als Einheiten werden nur die gesetzlichen Einheiten nach dem Gesetz über Einheiten im Meßwesen vom 2. 7. 1969 verwendet. An dieser Stelle sei besonders auf die Einheit Kelvin (K , nicht $^{\circ}$K) für die Temperatur (absolute Temperatur und Temperaturdifferenzen) hingewiesen.

Für veränderliche Größen werden im allgemeinen als Formelzeichen kleine, für konstante Größen große Buchstaben verwendet. Von dieser Regel müssen einige Ausnahmen gemacht werden, um Verwechselungen zu vermeiden. Differenzen (meist Abweichungen von der Ruhelage, vgl. hierzu [2], Abschn. 2) werden durch das Zeichen $\Delta$ gekennzeichnet. Zeitfunktionen und ihre Laplace-Transformierten werden durch Angabe der unabhängigen Variablen (z.B. $u(t)$ und $u(s)$) voneinander unterschieden. Es ist unvermeidbar, daß einige Zeichen in mehrfacher Bedeutung auftreten, doch wurde vermieden, daß sie im gleichen Beispiel bzw. in der gleichen Aufgabe vorkommen.

Formelzeichen, die nur für ein Beispiel oder eine Aufgabe Bedeutung haben, sind in der folgenden Aufstellung nicht enthalten. Werden verschiedene Zeichen für Variable und Konstante verwendet, so ist jeweils nur das Zeichen für die Variable aufgeführt.

## Häufig verwendete Indices

| Index | Bezeichnung für | Index | Bezeichnung für |
|---|---|---|---|
| a | Ausgang | P | Proportional- |
| a | außen | R | Regler, Regelverstärker |
| ab | abgeführt | R | Wirkwiderstand |
| C | Kapazität | S | Strecke |
| C | Feder | s | Scheitelwert |
| D | Differenzier- | w | Führungsgröße |
| D | Dämpfung | x | Regelgröße |
| e | Eingang | y | Stellgröße |
| I | Integrier- | y | Ausgangsgröße des nichtlinearen Gliedes |
| i | innen | | |
| k | Kettenschaltung | z | Störgröße |
| L | Induktivität | zu | zugeführt |
| L | Last | $\omega$ | Kreisfrequenz |
| L | Luft | o | offener Regelkreis |
| M | Motor | o | Konstante, Grundwert |
| MF | Meßfühler | | |
| $\sim$ | Zeichen für normierte Übertragungsfunktionen und Übertragungsbeiwerte | | |

## Formelzeichen

| | | | |
|---|---|---|---|
| A | Fläche | e | = 2,718281828... |
| a | Ende des linearen Bereichs | $F_K$ | Kraft |
| | | f( ) | Funktion von ( ) |
| $a_o, a_1, a_2 \ldots$ | Koeffizienten | F(s) | Übertragungsfunktion |
| b | Weglänge, Hebellänge | $\underline{F} = F(j\omega)$ | Komplexer Frequenzgang |
| C | Kapazität | | |
| C | Federkonstante | $F = \lvert F(j\omega)\rvert$ | Amplitudengang |
| c | spezifische Wärmekapazität | g | $= 9{,}806\ m/sec^2$ Erdbeschleunigung |
| $C_M$ | Maschinenkonstante, Meßwerkkonstante | h | Höhe |
| | | h(t) | Übergangsfunktion |
| d | Grenzschichtdicke | i | Strom |
| d | Durchmesser | J | Trägheitsmoment |

| | |
|---|---|
| $j = \sqrt{-1}$ | imaginäre Einheit |
| $K$ | Übertragungsbeiwert |
| $K_M$ | Maßstabsfaktor |
| $L$ | Induktivität |
| $l$ | Länge |
| $M$ | Moment (Drehmoment) |
| $M_B$ | Beschleunigungsmoment |
| $M_D$ | Dämpfungsmoment |
| $M_i$ | inneres Moment |
| $M_R$ | Reibungsmoment |
| $M_l$ | = 28,8 mittleres Molekulargewicht der Luft |
| $m$ | Masse |
| $\dot{m}$ | Massenstrom |
| $n$ | Umdrehungsfrequenz (Drehzahl) |
| $N(X_s)$ | Beschreibungsfunktion |
| $p$ | Druck |
| $Q$ | Wärmemenge |
| $R$ | Wirkwiderstand |
| $R$ | allg. Gaskonstante |
| $r$ | Regelfaktor |
| $r(t)$ | Anstiegsfunktion |
| $T$ | absolute Temperatur |
| $t$ | Zeit |
| $T$ | Zeitkonstante |
| $T_n$ | Nachstellzeit |
| $T_t$ | Totzeit |
| $T_v$ | Vorhaltzeit |
| $u$ | Spannung |
| $u_q$ | Quellenspannung |
| $V$ | Volumen |
| $\dot{V}$ | Volumenstrom |
| $w$ | Führungsgröße |
| $X_s$ | Amplitude (bei der Beschreibungsfunktion) |

| | |
|---|---|
| $x$ | Regelgröße |
| $x_d$ | Regeldifferenz |
| $x_w$ | Regelabweichung |
| $x_a$ | Ausgangsgröße |
| $x_e$ | Eingangsgröße |
| $x_1 \ldots x_n$ | Zustandsgrößen |
| $y$ | Stellgröße |
| $y$ | Ausgangsgröße d. nichtlinearen Gliedes |
| $Y_h$ | Stellbereich |
| $z$ | Störgröße |
| $\delta$ | Phasenrand |
| $\delta(t)$ | Diracfunktion |
| $\varepsilon$ | Hysterese des Zweipunktgliedes |
| $\varepsilon$ | Amplitudenrand |
| $\varepsilon(t)$ | Einheits-Sprungfunktion |
| $\vartheta$ | Dämpfungsgrad |
| $\vartheta$ | Temperatur (Celsius) |
| $\lambda$ | Wärmeleitfähigkeit |
| $\pi$ | = 3,141592654... |
| $\sigma$ | Realteil der komplexen Kreisfrequenz |
| $\omega$ | Imaginärteil der komplexen Kreisfrequenz |
| $\omega$ | Kreisfrequenz |
| $\omega$ | Winkelgeschwindigkeit |
| $\omega_o$ | Kennkreisfrequenz |
| $\omega_d$ | Eigenkreisfrequenz |
| $\omega_E$ | Eckkreisfrequenz |
| $\phi$ | magnetischer Fluß |
| $\phi$ | Wärmestrom |
| $\varphi$ | Phasenwinkel |
| $\varphi$ | Ausschlagwinkel |
| $\varphi$ | Verdrehungswinkel |

Sachweiser